轻松手作时光：
钩织 梭编 绕线卡片 串珠

日本E&G创意／著
虎耳草咩咩／译

中国纺织出版社有限公司

原文书名：かぎ針編みの髪飾りとアクセサリー
原作者名：E&G CREATES

著作权合同登记号：图字：01-2020-2605

图书在版编目（CIP）数据

轻松手作时光：钩织　梭编　绕线卡片　串珠／日本E&G创意著；虎耳草咩咩译. -- 北京：中国纺织出版社有限公司，2022.8
ISBN 978-7-5180-9081-5

Ⅰ. ①轻… Ⅱ. ①日… ②虎… Ⅲ. ①手工艺品－制作 Ⅳ. ① TS973.5

中国版本图书馆 CIP 数据核字（2021）第 219721 号

责任编辑：刘　婧　　责任校对：高　涵　　责任印制：储志伟

中国纺织出版社有限公司出版发行
地址：北京市朝阳区百子湾东里 A407 号楼　邮政编码：100124
销售电话：010—67004422　传真：010—87155801
http://www.c-textilep.com
中国纺织出版社天猫旗舰店
官方微博 http://weibo.com/2119887771
北京雅昌艺术印刷有限公司印刷　各地新华书店经销
2022 年 8 月第 1 版第 1 次印刷
开本：787 × 1092　1/16　印张：5.25
字数：177 千字　定价：59.80 元

目录

钩针发饰和饰品

只需少许线，在很短时间内就能制作完成的小发饰及饰品大集合！
细腻的色彩、流行的元素，雅致的、可爱俏皮的……风格各式各样。
请尝试钩织一下这些令人愉悦的时尚单品吧！

色彩浓郁的北欧风

用人见人爱、配色美妙的圆形花片制作可爱饰品。

设计 & 制作＊冈 麻里子

绚丽多彩的圆形发夹

只需将纽扣般的圆形钩织花片叠放固定在发夹底座上即可。炫酷的冷色调、温馨的暖色调，无论哪个色调都可爱！

制作方法 >> p.36

圆形花片饰品

胸针和耳环的套装。
有着微妙差异的颜色组合在一起，是适合成年女性使用的饰品。

制作方法 >> p.37

圆形・三角形・方形

简洁款式的组合。
色彩及大小均可变换，制作时充满了拼接的乐趣。

设计 & 制作＊冈 麻里子

只需用圆形开口圈将花片和花片连接起来，极其简单！

圆形和三角形相连的饰品

用圆形开口圈连接圆形和三角形的花片。
按自己的喜好制作成耳环及手链等。

制作方法 >> p.36

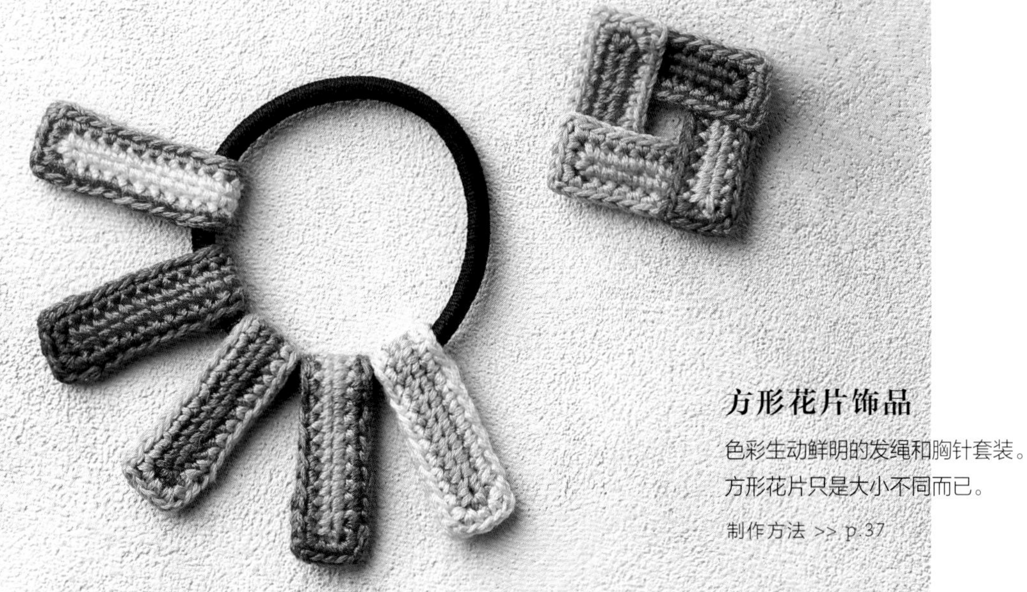

方形花片饰品

色彩生动鲜明的发绳和胸针套装。
方形花片只是大小不同而已。

制作方法 >> p.37

纤细风雅的野花

尽可能保持自然姿态，凸显野花之趣，因而在颜色及外形上精益求精。

设计 & 制作＊ chi · chi

蒲公英

密布小巧花瓣的黄色花朵甚是可爱！
可制作成发夹、耳环、戒指等，
请选择喜爱的款式。

制作方法 >> p.38

profito
par... vous sachiez que
mes, il y a un ... deux mille hom-
dont vous m'avez ... de Saint-Lambert
souvent avec éloge, entendu parler
naissance seule a attaché au prince
de Beauveau, et qui le suit ; sa
perte, si elle arrivait, nous cause-
rait bien des regrets et lui coûterait
elle bien des larmes.
Il est neuf heures, nous avons
it un piquet à tourner, où, par
renthèse, j'ai essuyé un coup uni-
e : quatorze d'as, quatorze de
s, sixième majeure, repic et ca-
en dernier. Notre commission-
e est de retour. Tous on reçu
nouvelles, excepté moi. Pas un
ni de Grimm ni de Sophie. Il
npossible que vous ne m'ayez

— 65 —

pas écrit. Il faut ou que mon do-
mestique m'ait trompé et ne soit
pas allé à Charenton, ou que le
directeur des postes ait refusé mes
lettres au commissionnaire, ou
qu'il n'ait pas eu de quoi les reti-
rer. Je fais toutes les suppositions
qui peuvent me tranquilliser. J'ac-
cuse tout, hors vous.
On écrit de Lisbonne à notre
voisin M. de Sussy que le roi de
Portugal a proposé aux Jésuites
de se séculariser ; que cinquante on
accepté ; que cent cinquante...
on ignore la distinctio... ont
sur un bâtime...
quel endroit, e...
déten...
suppli...
que...
ou ... vouuront, et
... parler de mon amie !
que fait-elle ? Si mes

三叶草

配套的发夹和手链。
像是刚从野外采摘回来的绽放着的花朵
其自然风貌散发着魅力。

制作方法 >> p.39

有着微妙差异的花朵姿态，栩栩如生，
像真花一般！

山茱萸

樱花花期结束时开放的山茱萸。
用深粉、浅粉色的组合
制作出优雅别致的胸针和耳环。

制作方法 >> p.40

绣球花

在夏天的梅雨季中，
剪下一枝鲜嫩欲滴的蓝色花朵，
以它为灵感制成了胸针和耳环套装。

制作方法 >> p.41

完成后整形并喷上定型胶，
可调整花绽放的形态。

草莓

随着走动而一晃一晃摇摆的红色果实充满
迷人魅力。
可装饰在胸前或是包袋上。

制作方法 >> p.41

雍容华贵的珠饰

织入了大颗珠子及亮片，
令饰品的质感升级！

设计 & 制作＊松本 薰

搭配珠子的发绳

重点在于大颗棉花珍珠，
外形就像有了褶边一样，
十分可爱！

制作方法 >> p.42

亮片发夹

只是在简单的短针上
加入珠子和亮片，就
能制造华丽的感觉。

制作方法 >> p.42

花朵手链

在外形可爱的花朵上
点缀了棉花珍珠，
瞬间就散发出成熟感。

制作方法 >> p.42

漂亮绚丽的水果

草莓、樱桃、西瓜……
把特别喜欢的水果变成各类饰物吧！

设计 & 制作＊小松崎信子

混搭水果胸针

仅需分别钩织出各种水果，
缝合固定在底座上即可。

制作方法 >> p.43

樱桃发夹

身体一晃动，
樱桃就随之摇摆，
散发出无限魅力！

制作方法 >> p.43

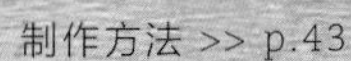

西瓜发绳

西瓜子是用小珠子缝合固定上去的。
其光泽感显得极为真实！

制作方法 >> p.43

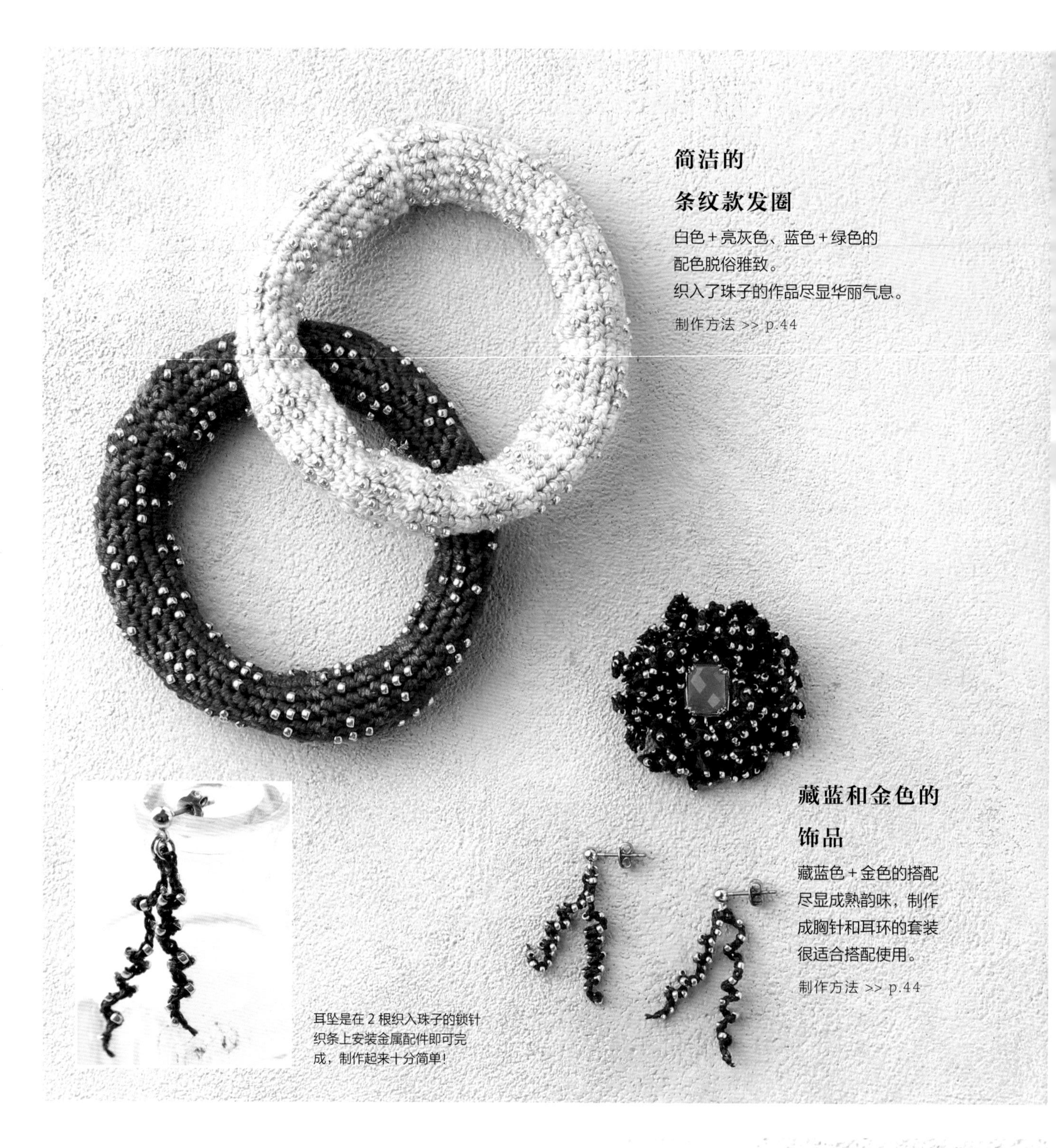

简洁的条纹款发圈

白色＋亮灰色、蓝色＋绿色的
配色脱俗雅致。
织入了珠子的作品尽显华丽气息。

制作方法 >> p.44

藏蓝和金色的饰品

藏蓝色＋金色的搭配
尽显成熟韵味，制作
成胸针和耳环的套装
很适合搭配使用。

制作方法 >> p.44

耳坠是在 2 根织入珠子的锁针
织条上安装金属配件即可完
成，制作起来十分简单！

随意点缀的雅致珠子

作品使用了小圆珠及特小珠。通过织入珠子以及变换线材颜色来制作。

设计 & 制作＊丰秀神奈（knit-c）

字母挂件

在“knit”字样的花片上配搭珠子，
既能完成漂亮的吊坠，又能愉快地玩配色混搭！

制作方法 >> p.45

绚丽多彩的猫咪胸针

将猫咪的呆萌表情令人忍俊不禁，
将它们制作成胸针吧。

制作方法 >> p.45

可爱的猫咪和小鸟

猫咪和小鸟图案的配饰风格轻松可爱，
用你喜欢的颜色来制作吧！

设计 & 制作＊丰秀神奈（knit-c）

小鸟耳环

展翅高飞状的小鸟款小耳环。
在耳垂上摇曳摆动的姿态十分逗趣！

制作方法 >> p.44

怀旧风的叶片

将差异细微的小叶片
随意配搭组合的设计。

设计 & 制作＊曾根静夏

钩织 4 条颜色各异的织带。
用圆形开口圈相连。

缀满叶片的饰品

将摇曳的叶片组合成纤细
的绳编项链和配套的手链。
给人留下优雅的印象。

制作方法 >> p.46

摇曳摆动的耳环

犹如一颗颗水珠相连，
个性十足的外形极为抢眼。

制作方法 >> p.47

成熟感的莫兰迪色调

淡雅的莫兰迪配色是其魅力所在。
当然造型设计也个性十足！

设计 & 制作＊曾根静夏

水滴花片发圈

色彩别致、设计独特的发圈，
作成手链也很漂亮！

制作方法 >> p.47

圆滚滚的独特外形

这些作品的特色是滚圆的外形，
推荐搭配在简洁着装上。

设计＊冈本启子
制作＊宫本宽子、森下亚美

手鞠风发圈

将线一圈圈地绕在铅笔上作为芯，
然后用短针包钩起来，
是一种独特钩织方法，
但制作起来特别简单。

制作方法 >> p.48

胀鼓鼓的花朵胸针

形态独特的胸针，
适合制作成低调雅致的饰品。

制作方法 >> p.48

分别钩织出一个个花瓣，
然后将根部聚拢总在一起，
缝合固定在底座上。

柔软蓬松的花朵

喜欢花朵的编织爱好者，
请选这款来制作。
作品散发着温和优雅的气息。

设计＊冈本启子
制作＊宫本真由美、森下亚美

红色花朵的手链

以略微暗淡的配色
显现成熟韵味。
适合春夏佩戴！

制作方法 >> p.49

白花项链

米色和白色组合搭配出的清秀款项链。
是不会过于甜美的设计。

制作方法 >> p.48

钩织出蓬松的花朵，
将绳像三明治般夹在中间。

分别钩织出红色和米色的花朵，
接着缝合固定在蓝绿色底座上。

专栏 1

绕编卡片制作的圆形饰品

将纵线绕在剪裁成圆形卡片的厚纸板上，
以纵线为轴，一圈圈绕横线制作“绕编”。
除了愉悦的制作感受，
可在短时间内完成小饰品的制作也是其魅力所在。
不尝试下用各种线来“绕编”吗？

设计 & 制作＊阴山晴海
制作方法 >> p.18、34

绚丽多彩的胸针

在绕编的织物中放入纽扣等圆形物体，用力勒紧就会形成球形。
上图中制作了 8 根、12 根纵线的款式。
将平面织物和球形织物组合搭配在一起也很有趣。

成熟配色的发夹和耳环

发夹使用的是拉菲草般质感的独特线材，
耳环使用的是带有少量金银线的高档线材，
均通过绕编制作而成。

圆滚滚的发绳

只需制作大小不同的绕编包扣，
穿入发绳即可。
忍不住想要做很多很多个！

制作方法

来挑战一下制作绕编卡片饰品吧！

只要有厚纸板和线，
就可以愉悦地制作绕编卡片了。
试着用各类线来绕编吧！

※以8根纵线的款式为例进行说明。

● 需准备的物品

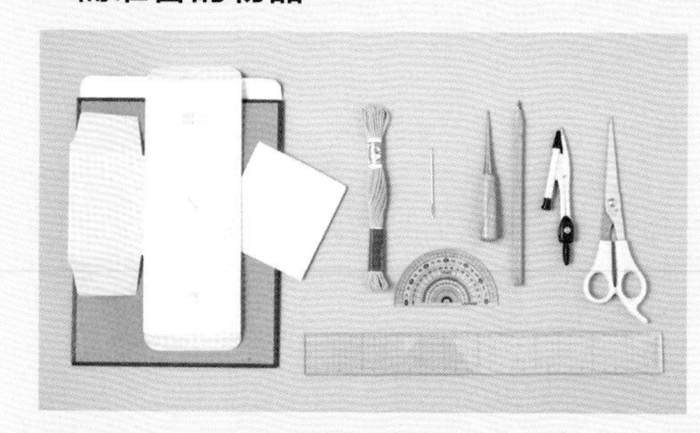

厚纸板、线（使用DMC RETORT）、缝针、锥子、铅笔、圆规、剪刀、量角器、直尺

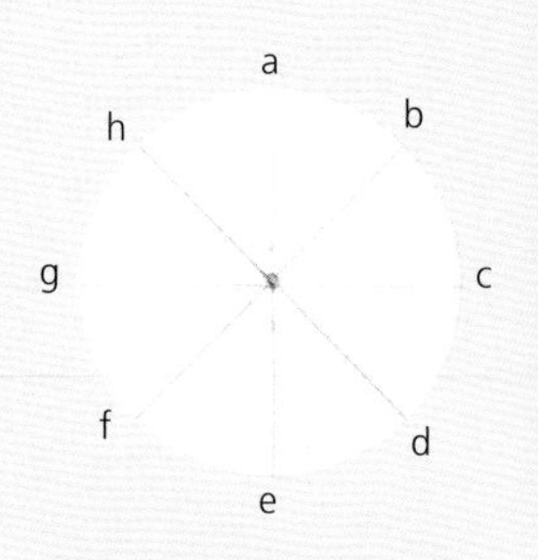

用圆规在厚纸板上画出指定大小的圆形。用量角器和直尺画出8等分线（45° 角），沿圆形轮廓线裁剪下来。

● 挂纵线

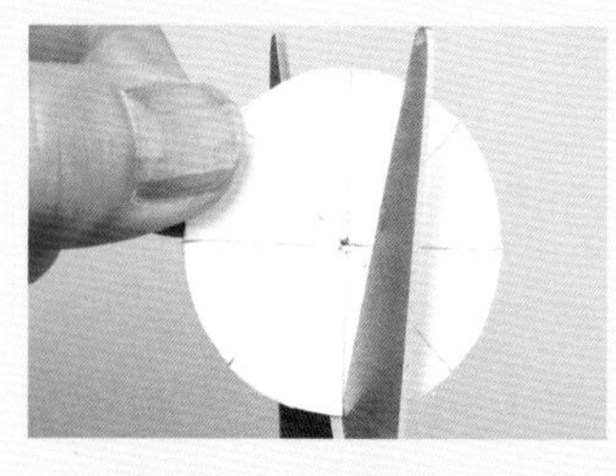

1 在等分线的边缘剪出可以挂住纵线的开口（深度2～3mm）。中心用锥子开孔。

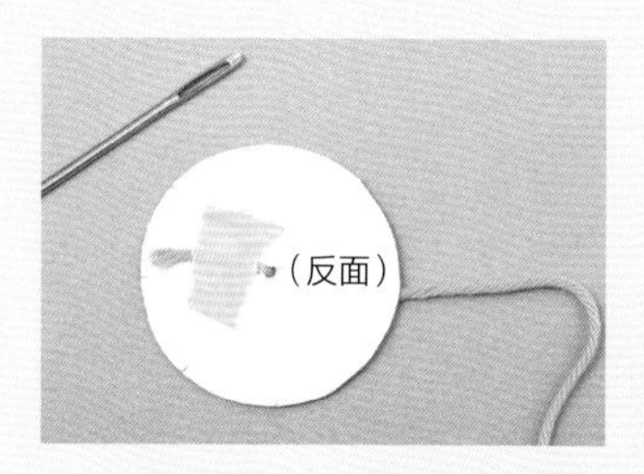

2 用缝针从绕编卡片反面的中心将线穿至正面。抽出针，将线头用美纹纸胶带等固定。

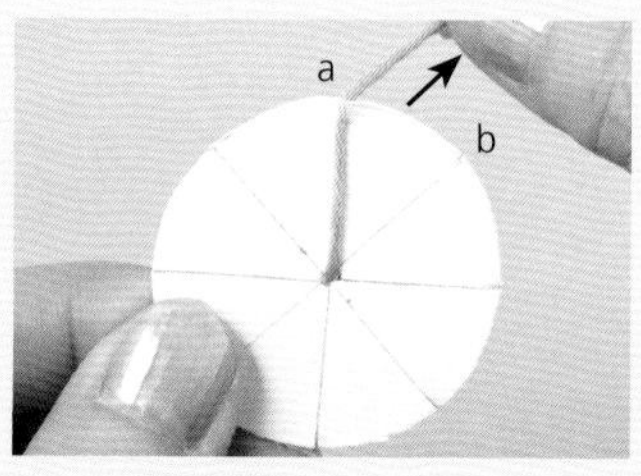

3 将绕编卡片翻至正面，把从中心带出的线挂在开口a处并绕至反面。

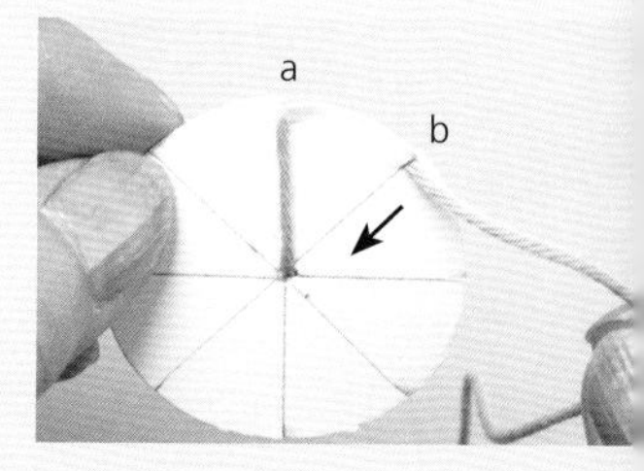

4 在右侧开口b处，将线绷紧从反面拉到正面。

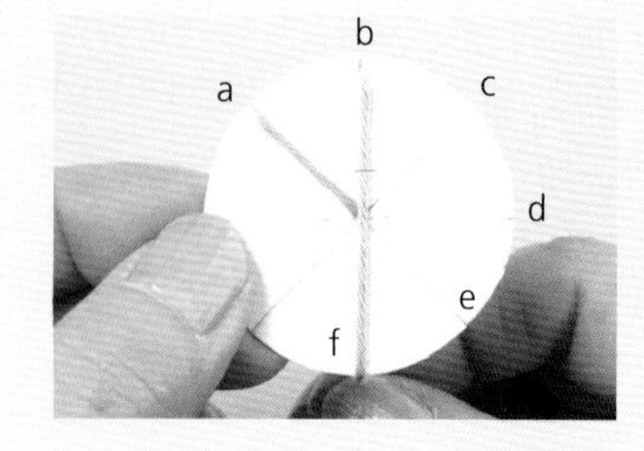

5 将线渡至b的对角f处并拉至反面。

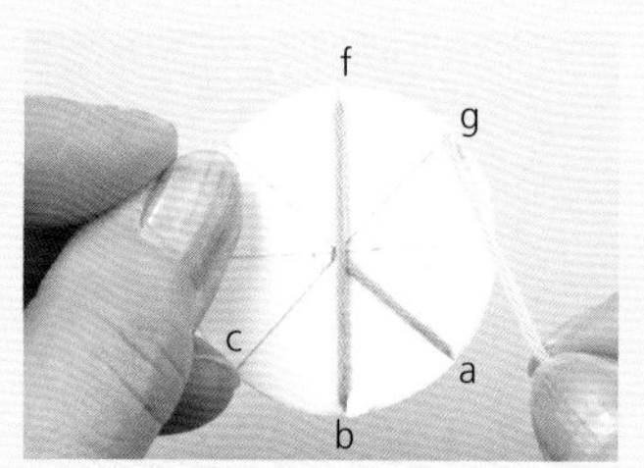

6 接着在右侧开口g处将线从反面拉至正面。

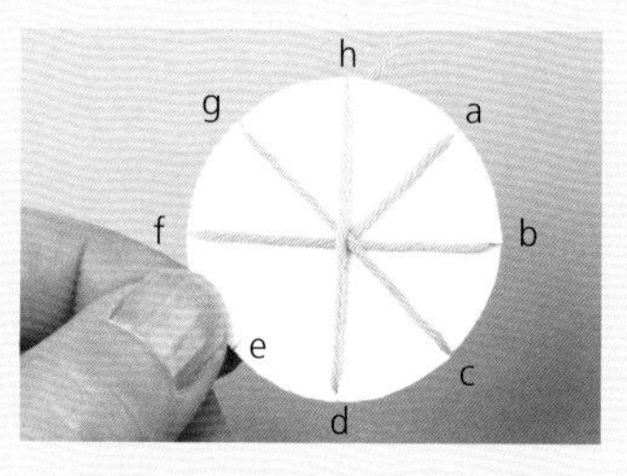

7 按步骤5、6的相同方法，将线按对角→右侧渡线挂入开口处。

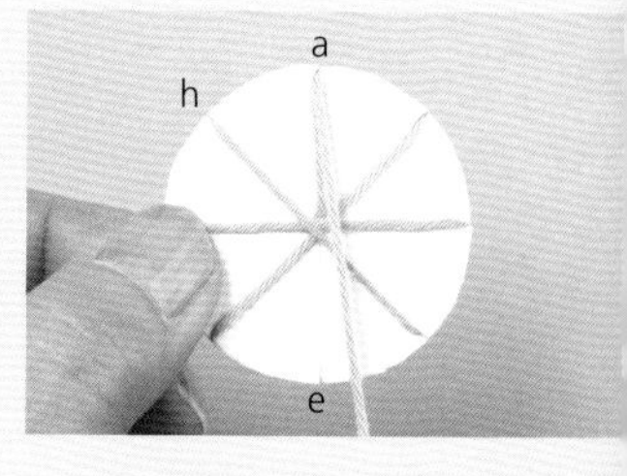

8 从h处返回到a处后，再次按相同的步骤挂一圈线。

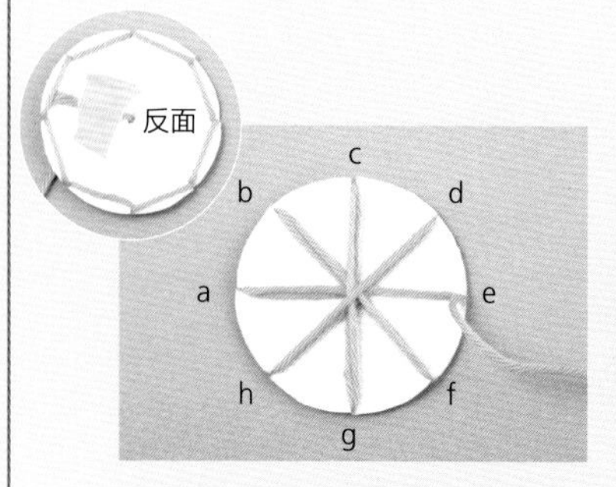

9 分别在每个开口处挂线2次，图为纵线挂完2根线后的样子（仅终止挂线处为1根线）。

● 测量所需横线的长度

1 将线从开口e处渡至中心并按压住。

2 以步骤1的按压处为中心，一圈圈地绕线。

3 将整个绕编卡片覆盖后，再绕4～5圈后断线。这些线就是横线 的大概用量。

※各作品使用的材料和制作方法请参考p.28。

● 绕横线编织

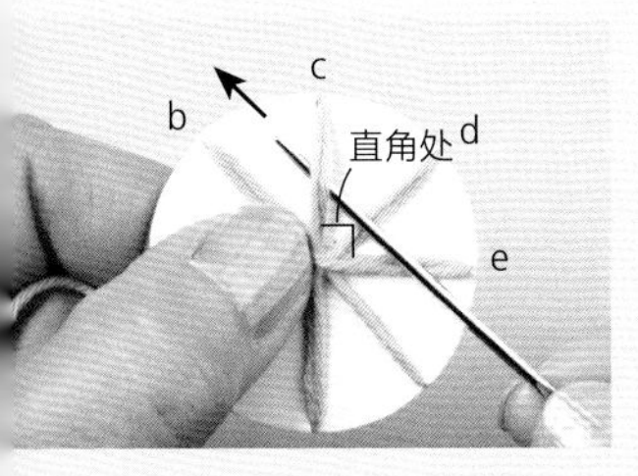

1 缝针上穿入横线。将线按压在中心处，将线在与e线呈直角的c线下方穿过抽出。

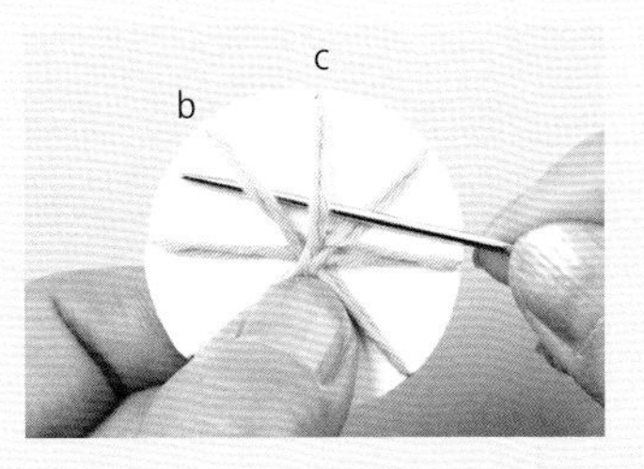

2 再次挑起c线，接着将线再从前方的b线处穿过抽出。

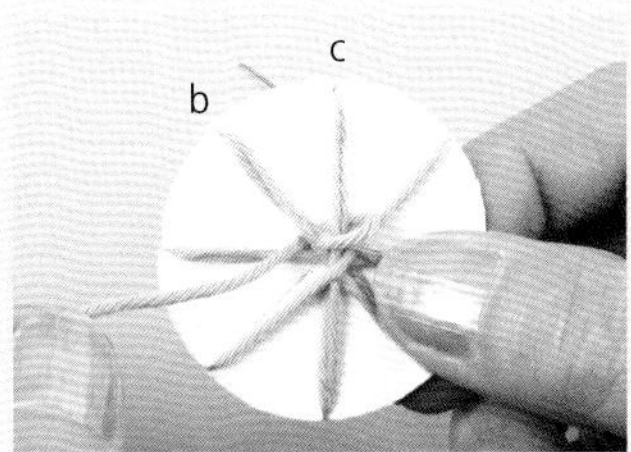

3 这是线绕在纵线c上后的样子。抽线，将绕编织物挪向中心处。

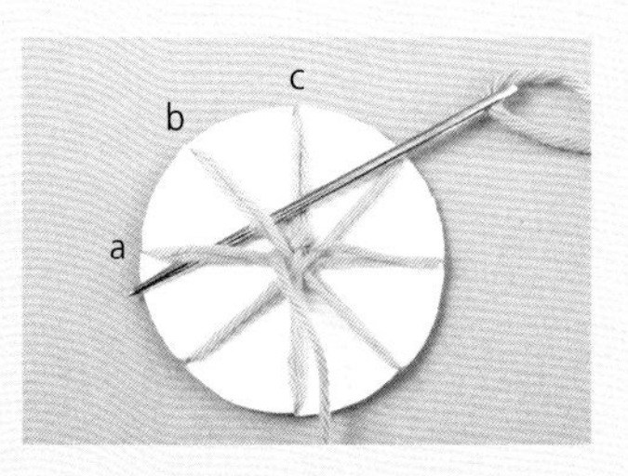

4 接着将线从b线、a线下方穿过抽出。

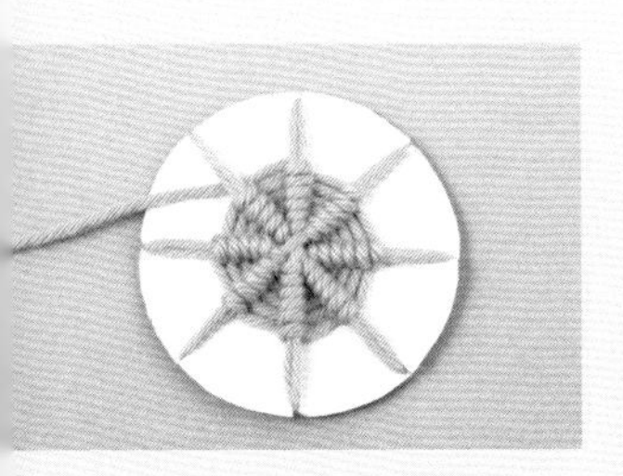

5 与步骤2~4同样地将线2根2根地挑起抽出，一圈圈地卷织下去。注意勿将横线抽得过紧，顺着织物规整地绕编。

6 绕编至卡片边缘部分时，用手指将织物稍稍往下压的同时穿过纵线，密密实实地紧挨着绕编。

7 结束绕编时在开始绕编的c开口再往前1根处结束（错1~2针也无妨）。

8 将挂在开口上的线取下，完成绕编。

● 直接使用时

1 翻到反面，将线沿着纵线穿过几个针脚。

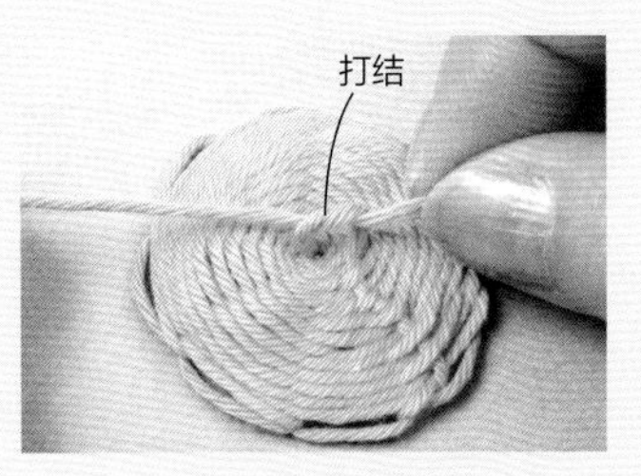

2 在中心与起始处的线打结，断线。

3 将线抽紧，挑织几次卷织完的线，将线打结收尾。

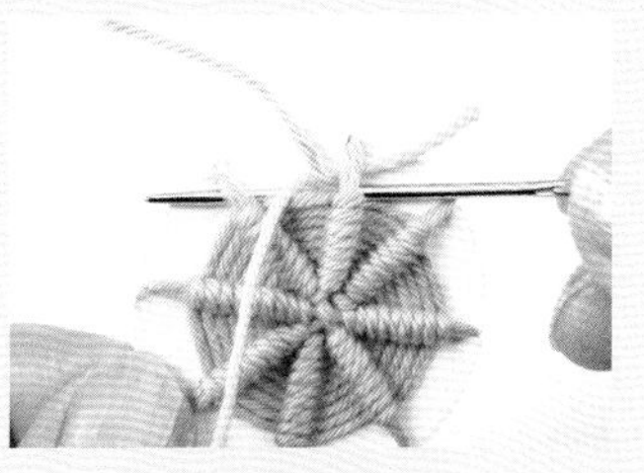

4 制作完成。

● 制作包扣时

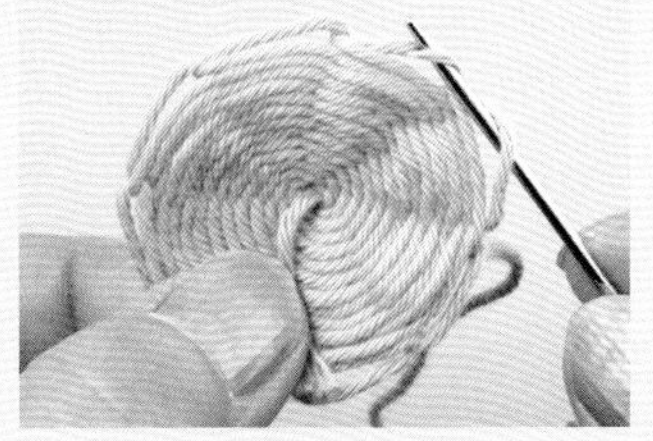

1 将留出的横线穿入缝针，再按交替穿插的方法把从绕编卡片上取下的环挑一圈。

2 用手指合拢成圆形，放入纽扣（图中用的是包扣扣坯）。

● 绕编过程中线用完时

1 将新线从手边最后的纵线处挑起拉出，再穿一次同一根纵线，并同时穿入下一根纵线。

2 就这样继续紧紧地抽线绕编。最后将两个线头从反面穿出收尾。换色绕编的作品，也使用相同的方法制作。

钩针迷你包袋和收纳袋

多钩织几款常用的轻便包袋或收纳袋，直接使用或者作为包中包都可以。
少女款、简洁款、成熟款，可谓应有尽有。
绝对是让人称心如意的必备单品！

古典款网眼包

少许怀旧风，给人一种时髦的感觉，
搭配牛仔服、日式浴衣也很漂亮！

设计＆制作＊冈 麻里子
制作方法 >> p.50

花朵收纳袋

不同颜色、不同线材的收纳袋均装饰有花片，少女味十足。

设计＊河合真弓　制作＊栗原由美

制作方法 >> p.51

雅致的茶色系收纳袋，
将绳制作成了流苏款。
粉色花朵款上的迷你球显得非常可爱。

口金包

绚丽多彩的条纹口金包

完全相同的编织方法，
仅需更换钩织线的颜色，
就能产生如此大的观感变化，给人愉悦感！

设计 & 制作＊小松崎信子
制作方法 >> p.52

糖果头口金包
也十分有魅力！

红色、粉色、深红色的 3 色搭配款。
圆形花片是从底部开始钩织的。

漂亮的花样钩织口金包

将钩织好的圆形花片安装在口金上。
膨胀的外形容量超大！

设计＊冈本启子　制作＊宫崎满子

制作方法 >> p.53

方形包

方形玫瑰花收纳袋

就像拼布般随意缝合钩织的花片，
技巧在于制作出凹凸感。

设计 & 制作＊丰秀神奈
制作方法 >> p.54

反面是以白色为基调的简洁款式。
用粗线很快就能钩织好。

素雅的方形包

黑＋白的时尚配色。
既可做成包中包，
也可改成带纽扣的款式。

设计＊冈本启子　制作＊宫本宽子
制作方法 >> p.71

专栏 2

绚丽多彩的袜套

可从脚尖开始一气呵成钩织

底部与侧面为一体的设计，
用色彩靓丽的线来钩织，
既可美化脚部又显得很时尚！

设计 & 制作＊今村曜子

网眼钩织的袜套

以通透的网眼编织为基础，
设计出清凉的款式。
正面点缀着低调的花样。

制作方法 >> p.72

菱形花样的袜套

正面点缀的花样给人留下深刻的印象。
就像 p.26 的图片一样，与短袜搭配，
花样能特别明显地显现出来，十分可爱!

制作方法 >> p.73

重点课程

※ 为便于清晰明了地说明，会有演示线材与作品不相同的情况。

p.12 缀满叶片的饰品，p.13 水滴花片发圈

＊球形花的钩织方法

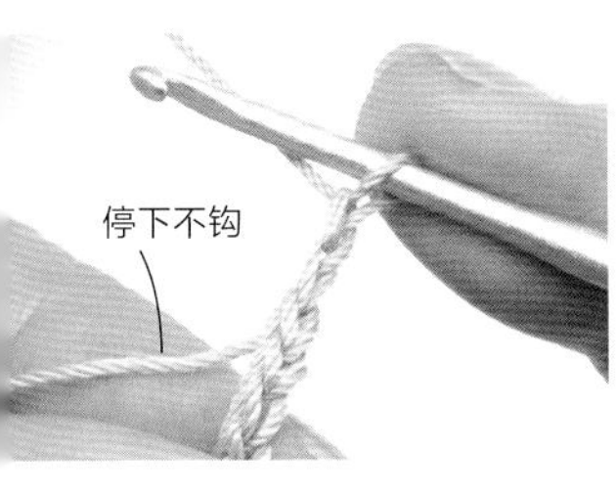

1 停下钩织绳辫时留出的线头的线不钩，钩2针锁针。

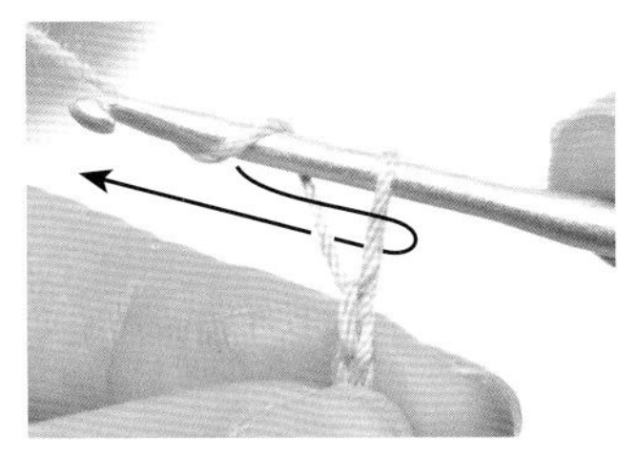

2 将挂在针头上的针环拉长，针头上挂线。

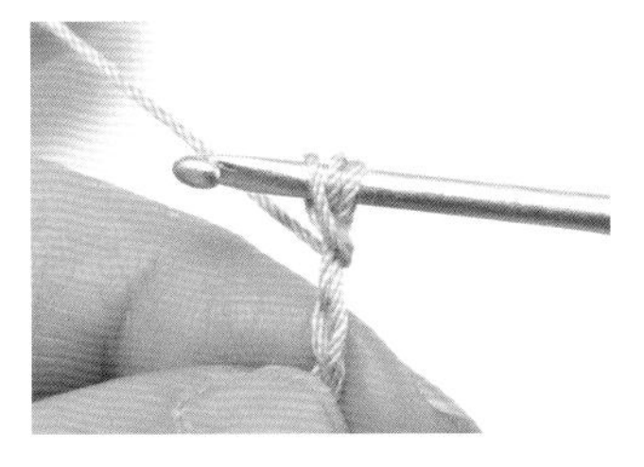

3 从拉长的针环下方将线带出。

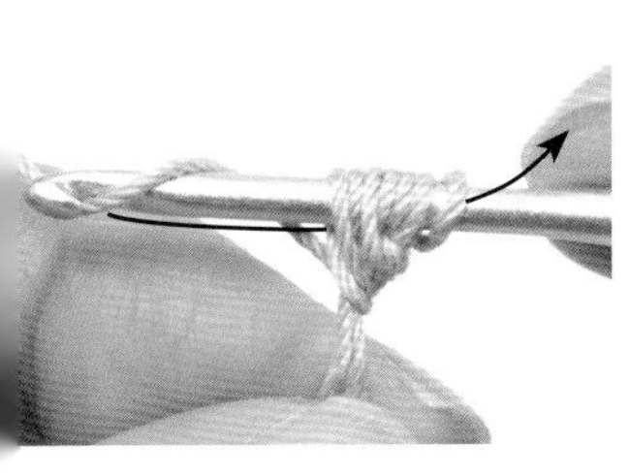

4 按步骤2、3的方法重复钩织3次，针头挂线按箭头所示方向一次性从7个线圈中带出。

5 在拉长针环下方的锁针内引拔。

6 将停下不钩的线带回后，继续钩织绳辫。

p.14 手鞠风发圈

＊手鞠球的编织方法

1 以铅笔等作为芯将线缠绕40次。

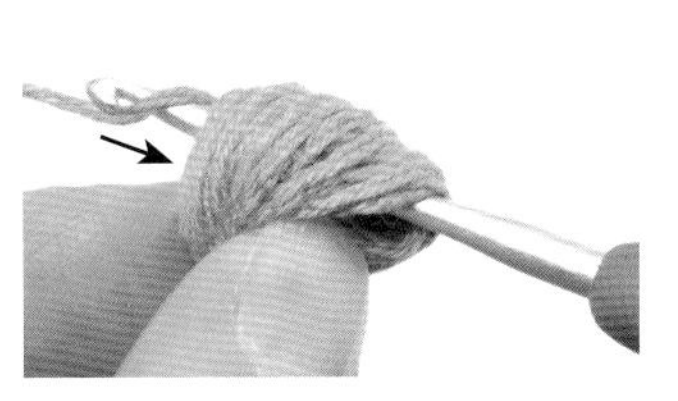

2 抽出铅笔，将针插入中心孔并挂线，按箭头所示方向将线带出。

3 钩1针锁针。

4 将针插入中心孔将线带出，钩织短针。

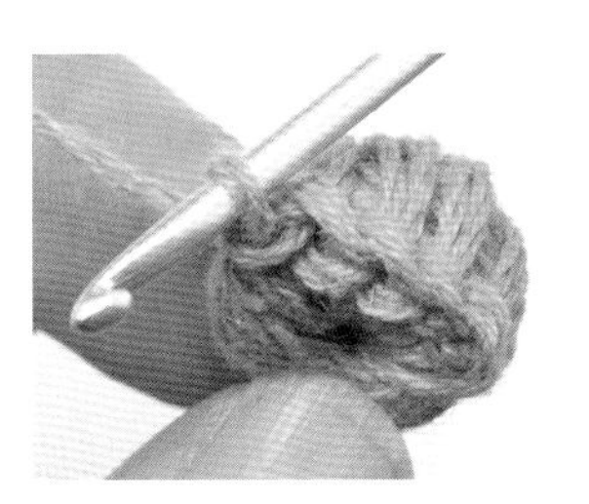

5 重复步骤4，钩织14针短针。长度一致的短针针脚会显得更为美观。

6 钩织完14针后，在步骤3的锁针针脚处引拔，手鞠球制作完成。

＊穿珠方法

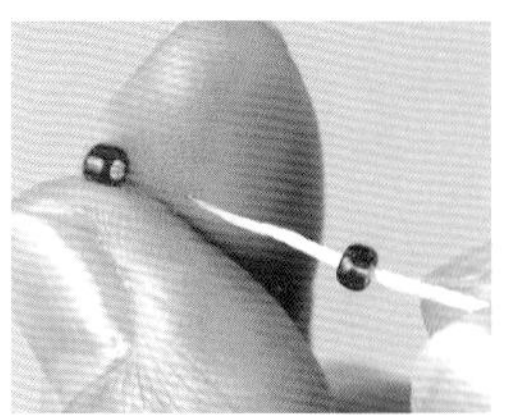

在线头上涂抹胶水，待干透后斜向修剪线头后穿珠。

珠孔较大时，也可直接用缝针穿珠。将珠子放在毛毡上更易操作。

＊圆形开口圈的使用方法

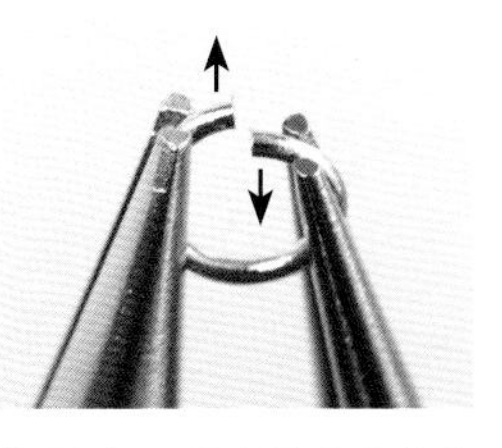

将圆形开口圈的连接处朝上，用两个平嘴钳分别夹住两头，左手朝里，右手朝外用力打开。请注意左右拉动的活圈会容易歪斜。

钩针编织基础

钩针图解的阅读方法

本书中的钩针图解均为从正面看到的效果，且遵循日本工业标准（JIS）中的内容。
钩针编织无正针和反针（除内、外钩针外）的区分，
如遇正面与反面交替片织的情况，图解符号的含义也相同。

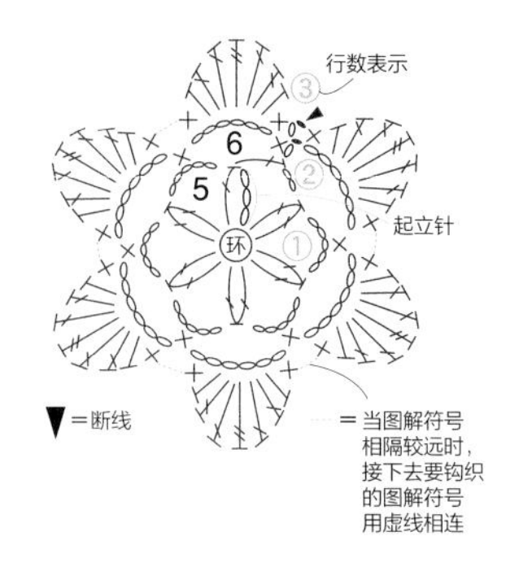

从中心开始环形钩织时

在中心以环（或锁针）起针，按环形逐圈钩织。每行的起始处都先钩起立针，然后继续钩织。原则上，都是将织片正面朝上钩织，依照图解逆时针进行钩织。

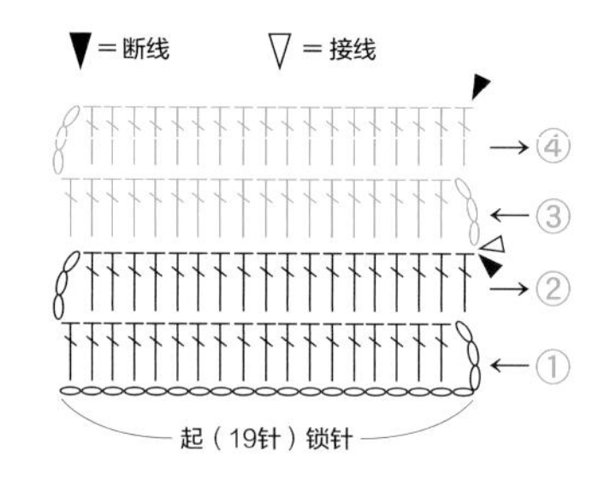

片织时

其特征是在织片左右两侧都有起立针，原则是当起立针位于右侧时，织片正面朝着自己，依照图解自右向左进行钩织。当起立针位于左侧时，依照图解自左向右进行钩织。图中表示在第3行更换配色线。

线和钩针的握法

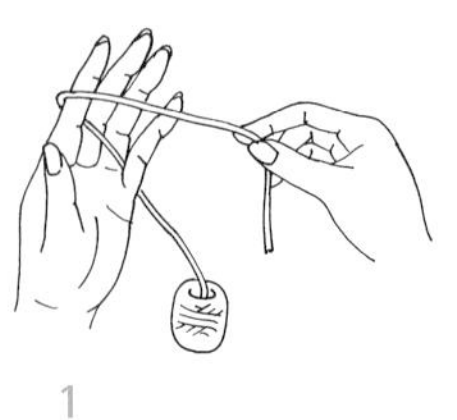

1 将线穿过左手的小指和无名指之间，挂在食指上，将线头置于手掌前。

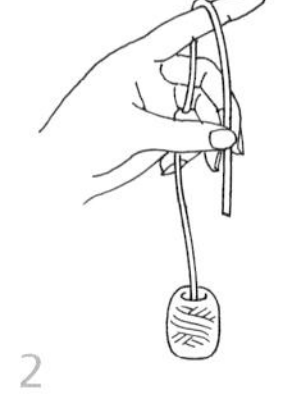

2 用拇指和中指捏住线头，竖起食指使线绷紧。

3 用拇指和食指捏住钩针，将中指轻轻地搭在针头上。

起始针的钩织方法

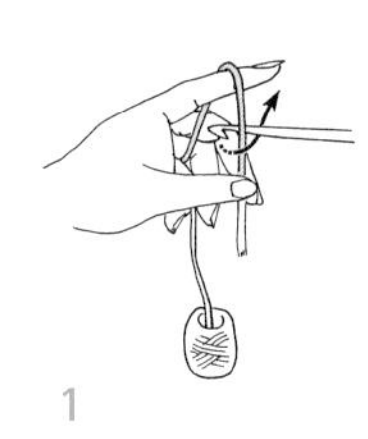

1 如图箭头所示方向将钩针从线的另一侧旋转钩针针头。

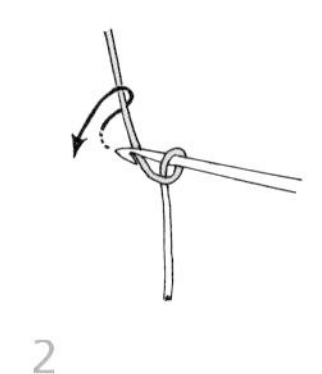

2 接着在针头上挂线。

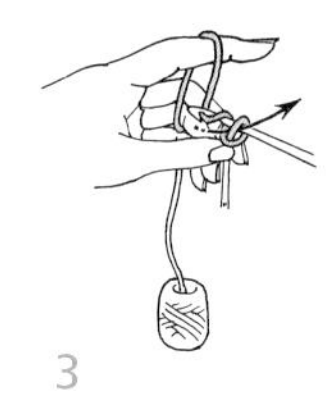

3 如箭头所示从环中将线带出。

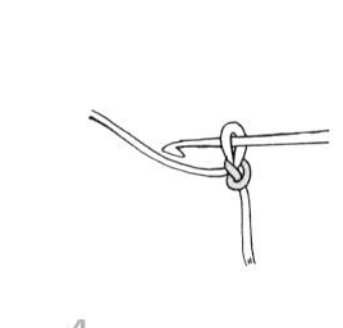

4 拉动线头，抽紧针脚，起始针完成（此针不计入针数）。

起针

从中心开始环形钩织时（绕线作环）

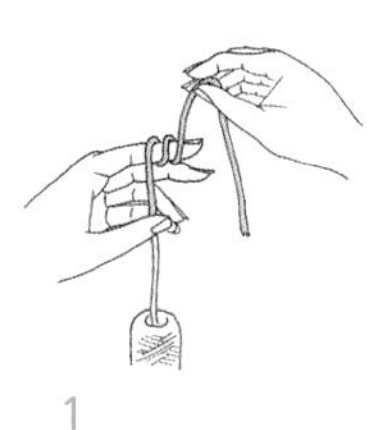

1 将线在左手食指上绕2圈。

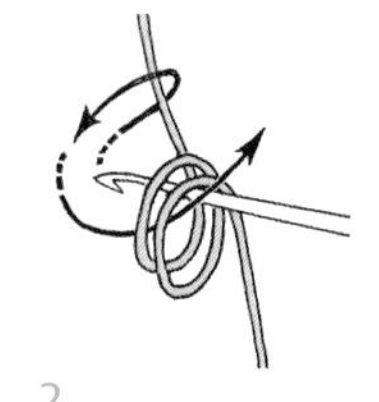

2 将环从食指上取下用手捏住，钩针插入环中，挂线带出。

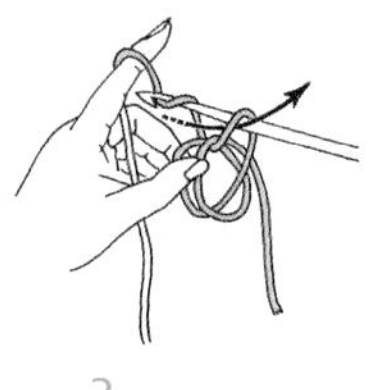

3 带出的针脚再次挂线带出，钩起立针。

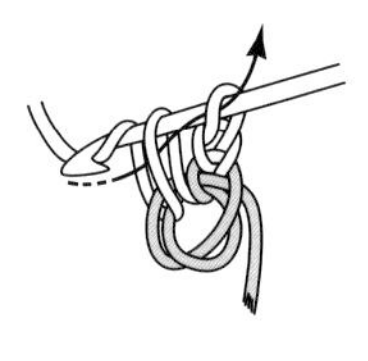

4 钩第1行时，在环中心插入钩针，钩织所需针数的短针。

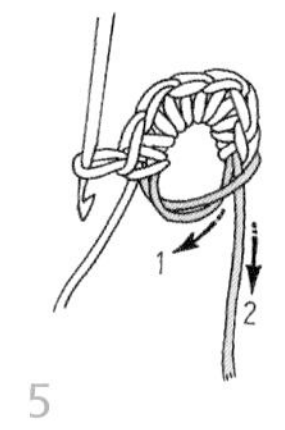

5 暂时将钩针抽出，拉动最初缠绕圆环的线头1和线头2，将环拉紧。

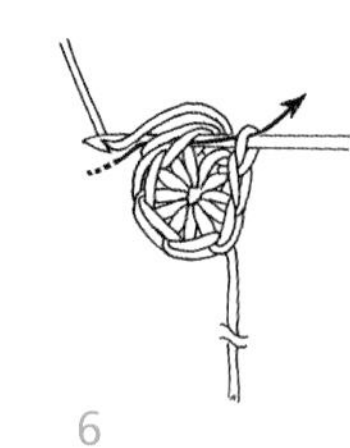

6 钩织完1行后，在最初的短针的顶部入针，挂线带出。

从中心开始环形钩织时（锁针作环）

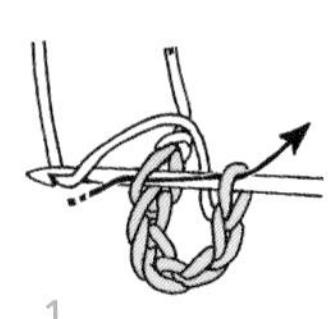

1 钩织所需针数的锁针，从第一针锁针的半个针脚内入针引拔。

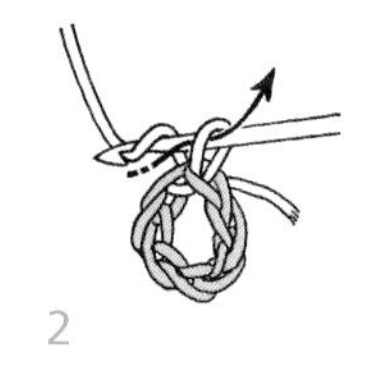

2 在针头上挂线带出，完成1针锁针起立针。

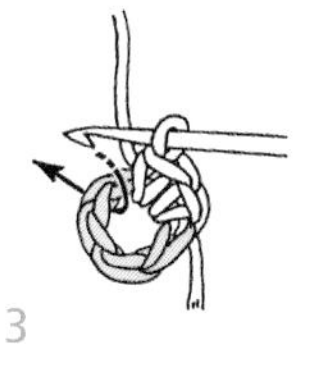

3 在第1行的环中心入针，将锁针整束挑起钩织所需数量的短针。

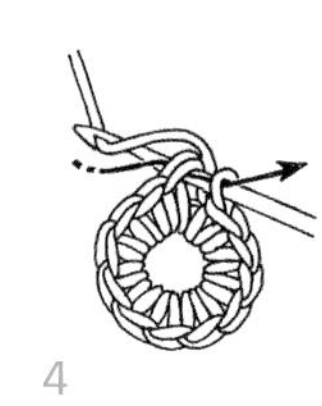

4 在第1行结束处，从第1针短针顶部入针，挂线带出。

片织时

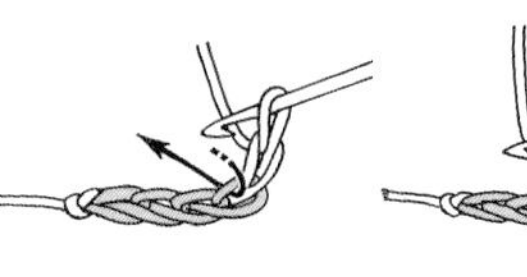

1 钩织所需针数的锁针和起立针，从倒数第2针锁针中入针，挂线带出。

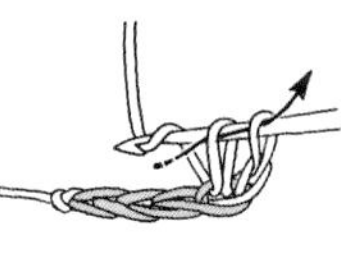

2 针头挂线，如箭头所示将线带出。

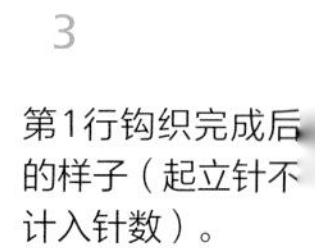

3 第1行钩织完成后的样子（起立针不计入针数）。

* 锁针的识别方法

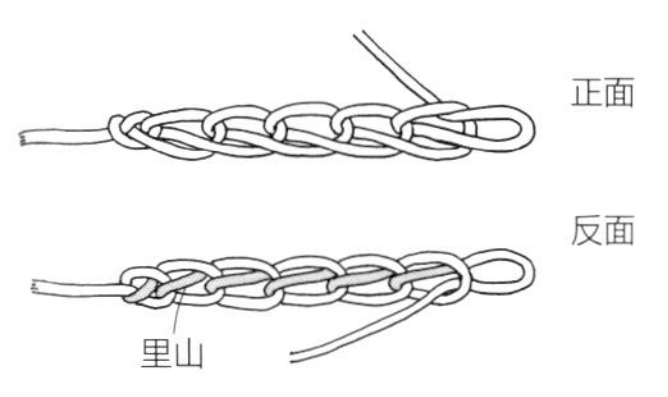

锁针有正反两面。反面中间突出的一根线被称为锁针的“里山”。

* 在上一行挑针的方法

在 1 个针脚内钩织

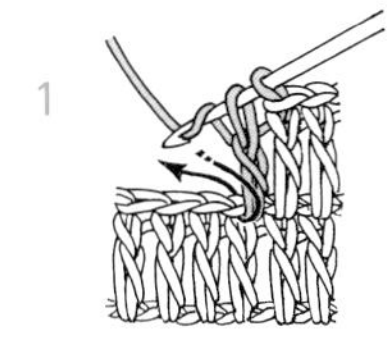

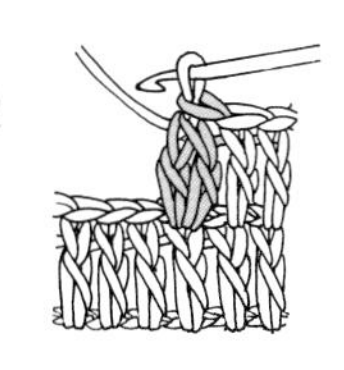

将锁针成束挑起后钩织

根据图解符号的不同，即使同一种枣形针的挑针方法也有所不同。图解符号下方为闭合状态时，则表示要在上一行的 1 个针脚内钩织。图解符号下方是打开状态时，则表示需将上一行的线成束挑起后钩织。

* 钩针符号

锁针

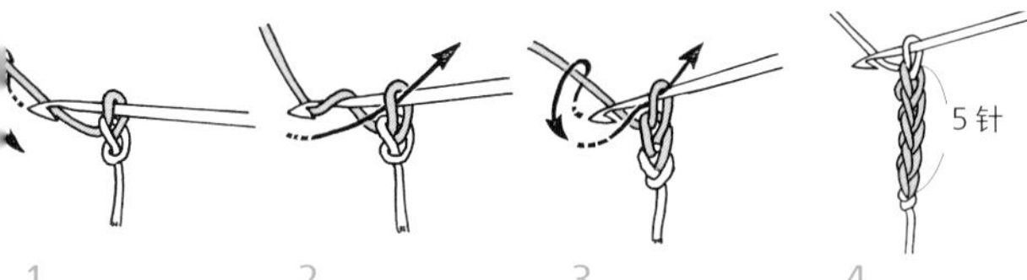

1 起针，针头挂线。

2 将挂在针头上的线带出，1 针锁针完成。

3 重复继续钩织步骤1和2。

4 完成 5 针锁针。

短针

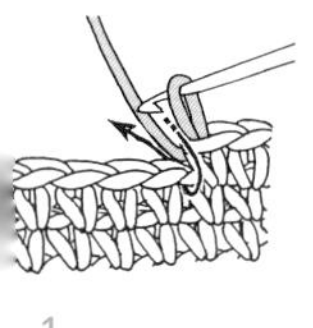

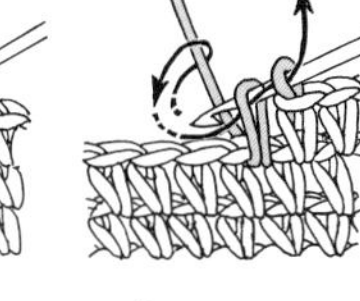

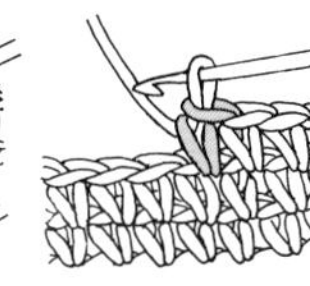

1 在上一行的针脚处入针。

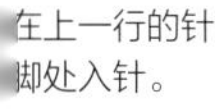

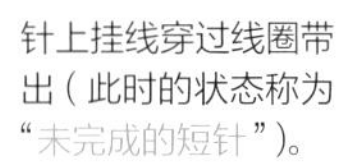

2 针上挂线穿过线圈带出（此时的状态称为“未完成的短针”）。

3 再次针上挂线，将 2 个线圈一次性带出。

4 完成 1 针短针。

长针

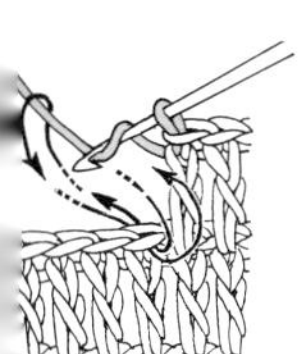

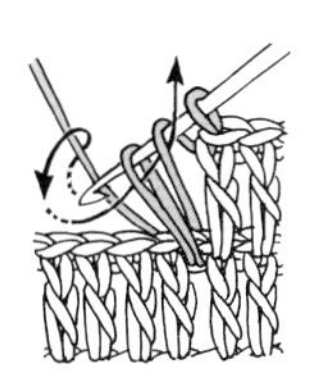

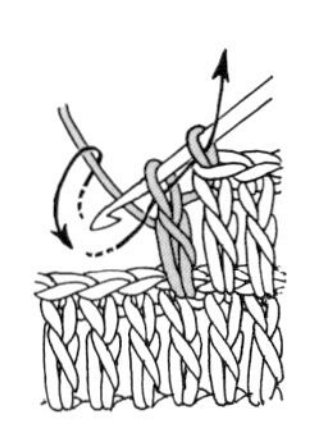

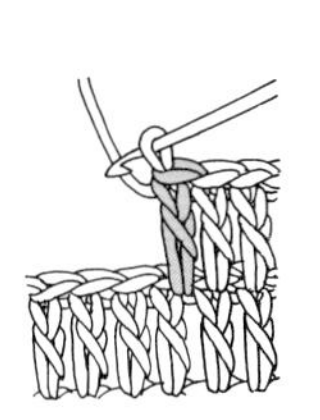

1 针上挂线，在上一行的针脚处入针，接着挂线带出。

2 针上挂线，依照图示箭头方向穿过 2 个线圈带出（此时的状态称为“未完成的长针”）。

3 再次针上挂线，依照图示箭头方向从剩下的 2 个线圈一次性带出。

4 完成 1 针长针。

引拔针

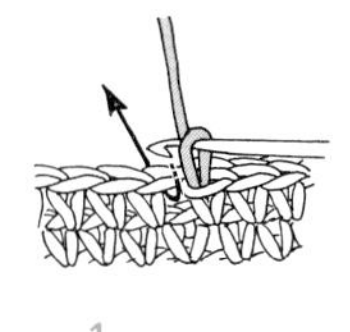

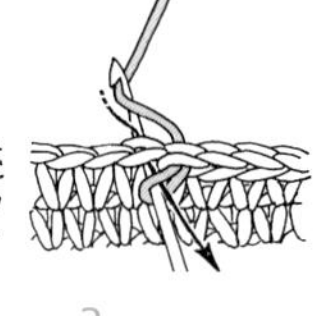

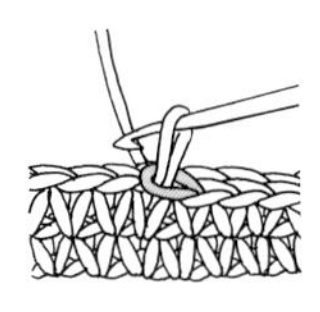

1 在上一行的针脚处入针。

2 针头挂线。

3 将线一次性带出。

4 完成 1 针引拔针。

中长针

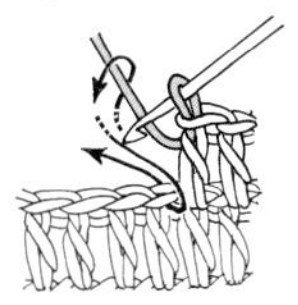

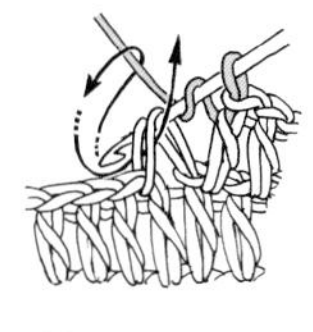

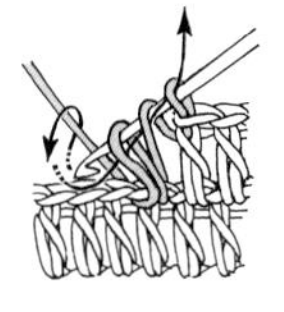

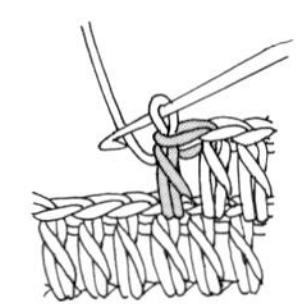

1 针上挂线，在上一行的针脚处入针。

2 针上挂线带出（此时的状态称为“未完成的中长针”）。

3 再次在针上挂线，一次性从 3 个线圈中带出。

4 完成 1 针中长针。

长长针　三卷长针

※（ ）内为钩织三卷长针时的数量

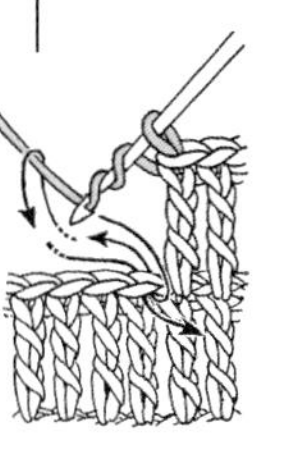

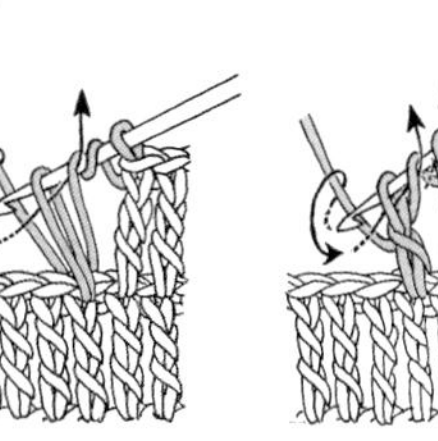

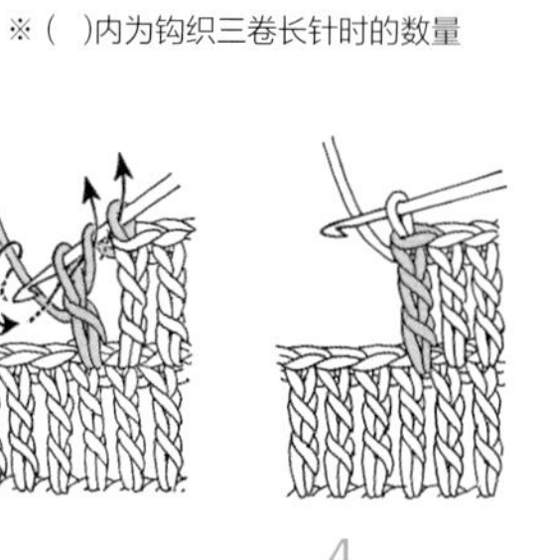

1 将线在钩针上绕 2 圈（3 圈），在上一行的针脚处入针，针上挂线，穿过线圈带线出来。

2 依照图示箭头方向穿过 2 个线圈带出。

3 同样的步骤重复 2 次（3 次）。

4 1 针长长针完成。

短针 1 针分 2 针　　短针 1 针分 3 针

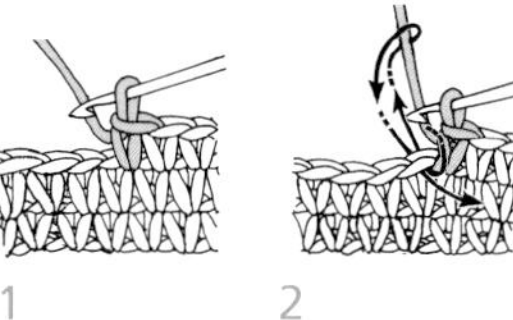

1 钩 1 针短针。

2 在同一针内入针，挂线带出钩织短针。

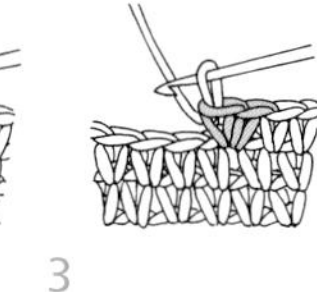

3 钩完短针 1 针分 2 针后的样子。在同一个针脚内再钩 1 针短针。

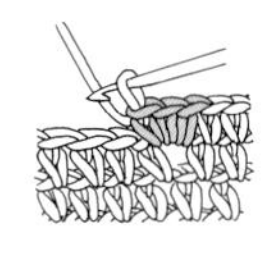

4 在上一行的 1 针内钩完 3 针短针后的样子。比上一行针数增加了 2 针。

长针 1 针分 2 针

※2针以外的针数或长针以外的针法，也是按相同要领，在上一行的1个针脚内钩织指定针法的指定针数

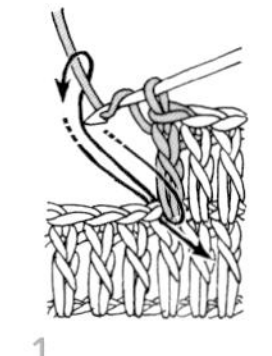

1 钩 1 针长针，针上挂线后再在同一针脚处入针，再次挂线带出。

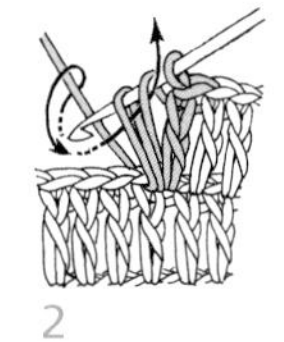

2 针上挂线，将 2 个线圈一次性带出。

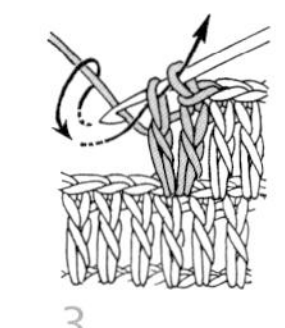

3 再次挂线，将剩余的 2 个线圈一次性带出。

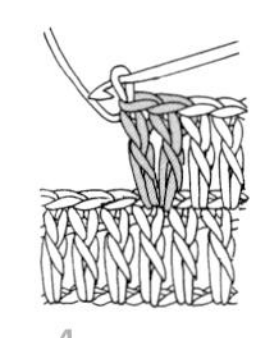

4 长针 1 针分 2 针完成，比上一行针数增加了 1 针。

3 针锁针的狗牙针

※ 3 针以外的针数，也按相同要领依照步骤 1 钩织

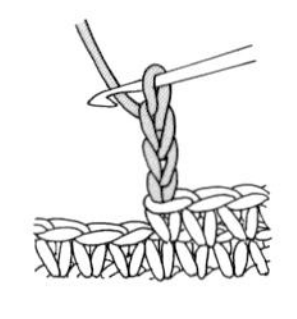

1 钩 3 针锁针。

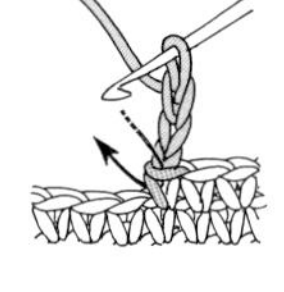

2 在短针的半针和底部的 1 根线中入针。

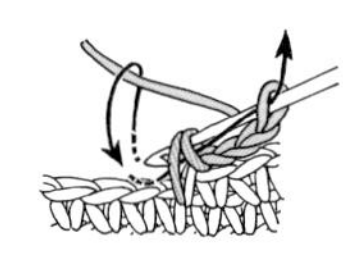

3 针头挂线，如箭头所示一次性带出。

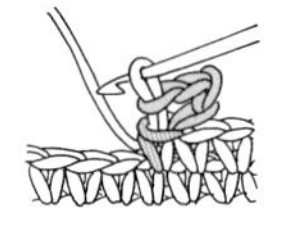

4 这样 3 针锁针的狗牙针就完成了。

外钩长针

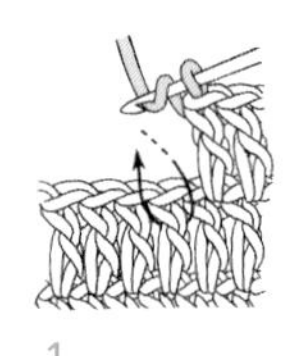

1 针上挂线，在上一行长针的根部如图示箭头方向从正面入针。

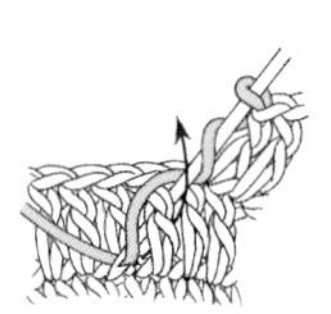

2 针上挂线，线稍留长些后带出。

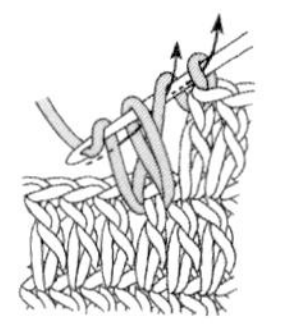

3 再次在针上挂线，从 2 个线圈中带出（此状态称为未完成的外钩长针），重复 1 次相同步骤。

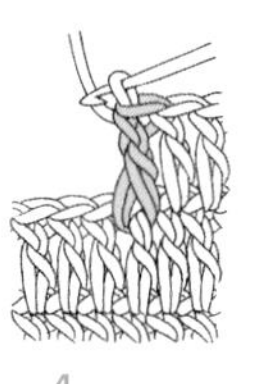

4 1 针外钩长针完成。

短针 2 针并 1 针

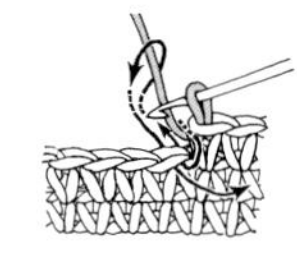

1 在上一行的针脚中入针，挂线带出。

2 下一针按同样的方法入针，挂线带出。

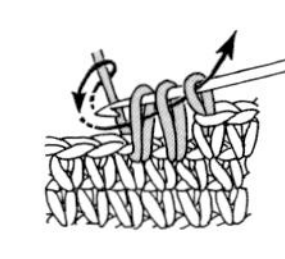

3 针上挂线，从挂在钩针上的 3 个线圈中一次性带出。

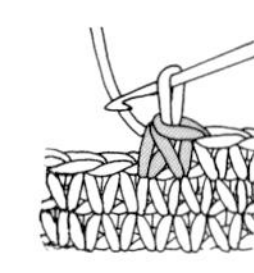

4 短针 2 针并 1 针完成，比上一行针数减少了 1 针。

长针 2 针并 1 针

※2针以外的针数或长针以外的针法，也是按相同要领，钩指定未完成针法的指定针数，针头挂线后将挂在针上的线圈一次性带出

1 在上一行中钩织的 1 针未完成的长针（参考 p.31），下一针如图示箭头方向挂线入针再带出。

2 针上挂线，将 2 个线圈一次性引拔，钩第 2 针未完成的长针。

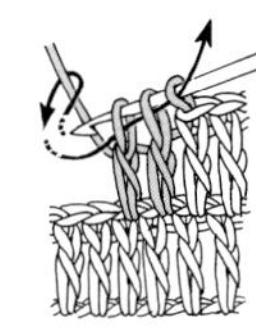

3 针上挂线，如图示箭头方向一次性穿过 3 个线圈带出。

4 长针 2 针并 1 针完成，比上一行针数少了 1 针。

3 针长针的枣形针

※3针以外的针数或长针以外的针法，也按相同要领在上一行的同一针内钩织指定针数的指定未完成针法，如步骤3一样的将针上挂的线圈一次性带出

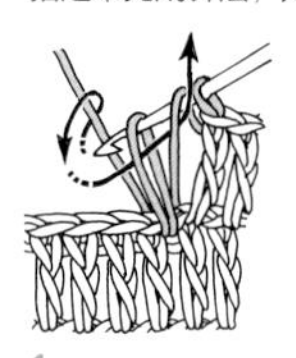

1 在上一行的针脚中钩1针未完成的长针（参考 p.31）。

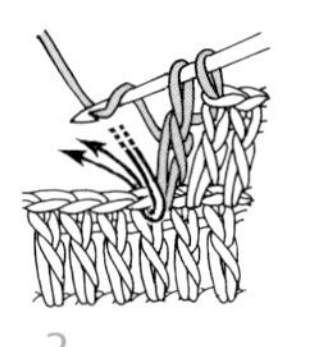

2 在同一针内入针，接着钩 2 针未完成的长针。

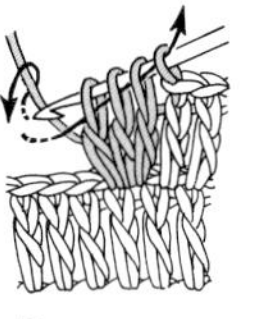

3 针上挂线，将钩针上的 4 个线圈一次性带出。

4 3 针长针的枣形针完成。

内钩长针

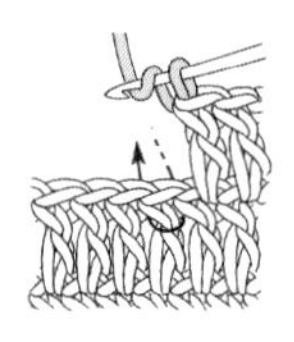

1 针上挂线，如图示箭头方向从上一行长针的底部入针。

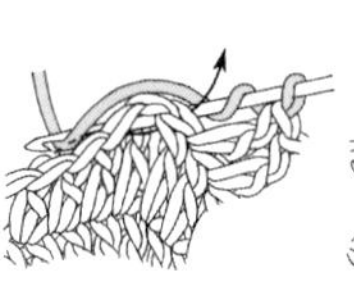

2 针上挂线，如图示箭头方向从已织好部分的内侧带出。

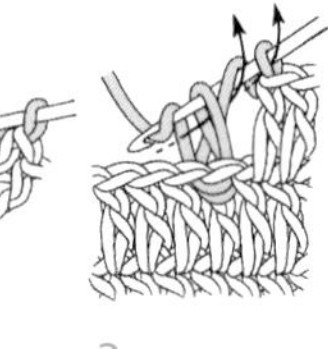

3 将线带出，再次在针上挂线，将 2 个线圈一次性带出，重复 1 次相同步骤。

4 1 针内钩长针完成。

3针中长针的变形枣形针

※3针以外的针数，也按相同要领在上一行的同一针内钩织指定针数，按步骤2、3一样地钩织

1 在上一行的针脚处入针，钩3针未完成的中长针。

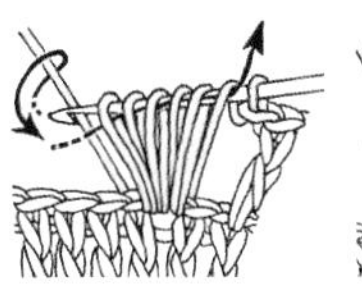

2 针上挂线，如图示箭头方向先一次性引拔6个线圈。

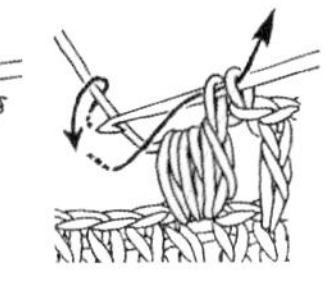

3 接着在钩针上挂线，将剩余线圈一次性带出。

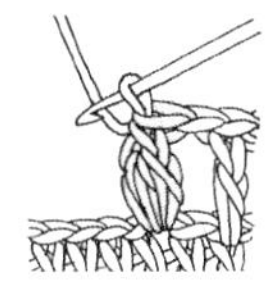

4 3针中长针的变形枣形针完成。

短针的条纹针

※短针针法以外的条纹针，也按相同要领挑上一行后半针钩织

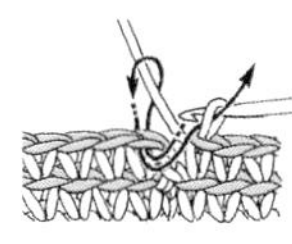

1 无需翻转，沿正面钩织。如图示箭头方向呈环形钩织，在第1针处引拔。

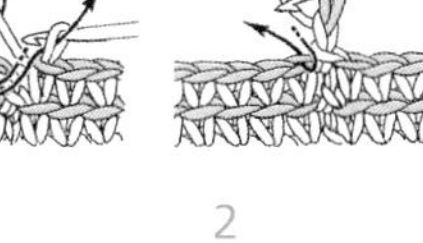

2 钩1针锁针的起立针，挑上一行针脚的外侧半针钩织短针。

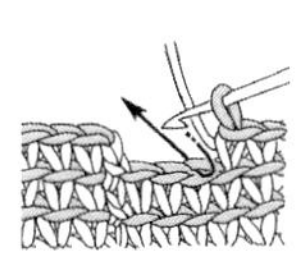

3 重复步骤2继续钩织短针。

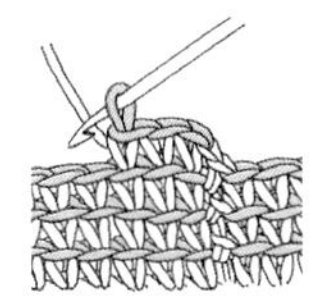

4 上一行内侧的半针处就会形成条纹状的效果。图为钩织了3行短针的条纹针后的样子。

*卷缝

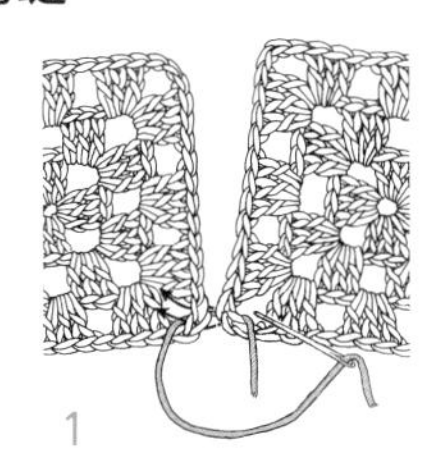

1 将织物的正面朝上对齐，挑起边缘针脚的2根线缝合。开始和结尾处挑缝2次。

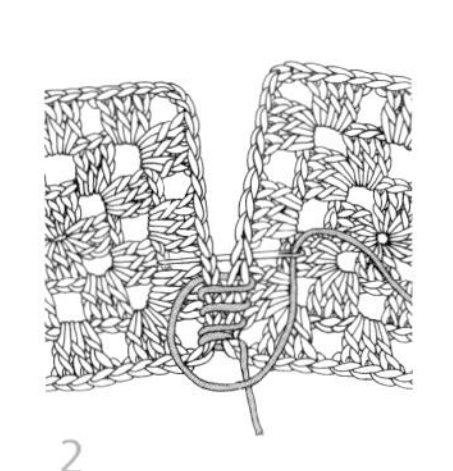

2 每针一一对应挑缝。

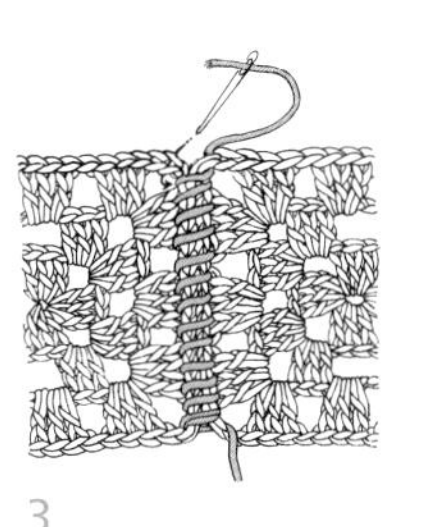

3 挑缝至结束处时的样子。

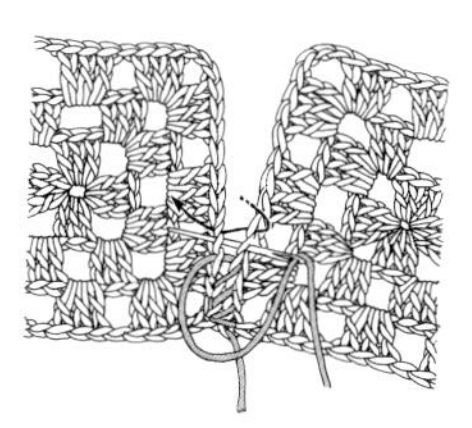

挑半针卷缝的方法

织物正面朝上对齐，挑起边缘外侧的半个针脚（顶部的其中1根线）缝合。开始和结尾处挑缝2次。

*绳辫的钩织方法

1 留出绳辫3倍长度的线头起针。

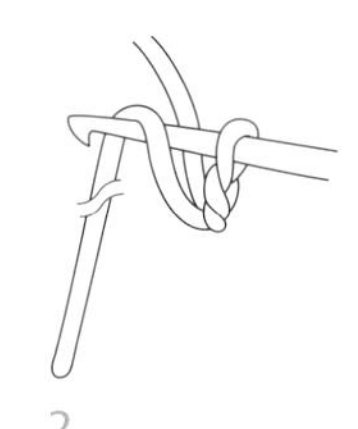

2 在针上将线头从靠近自己的一侧绕到对面一侧。

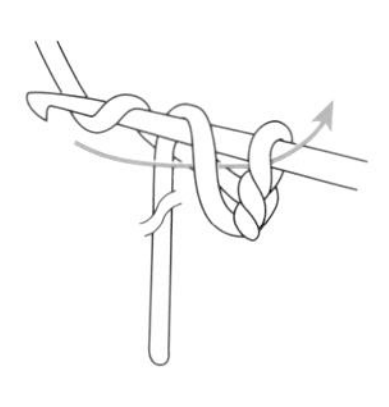

3 将钩织线挂线引拔。

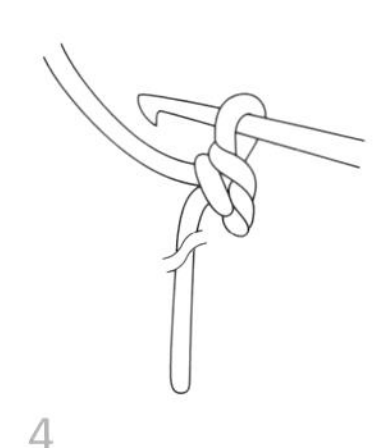

4 重复步骤2、3钩至所需针数。钩织完成后，不要挂线钩织锁针。

*锁针缝合

※下方展示的是2针锁针、1针引拔针时的情况。除引拔针外，按相同要领钩织指定针数的锁针或指定的针法

1 将织物正面相对，在起针的针脚内入针带线出来，挂线钩织1针引拔针。

2 钩织2针锁针。

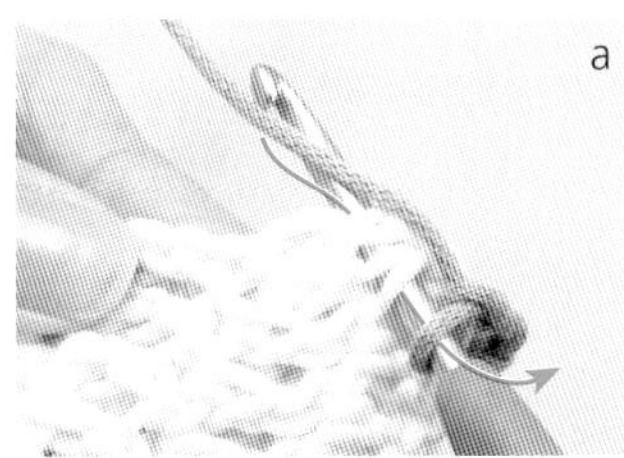

3 如图示箭头方向，将针插入锁针的顶部与顶部内（第2行边缘的针脚内）（a），引拔1针（b）。

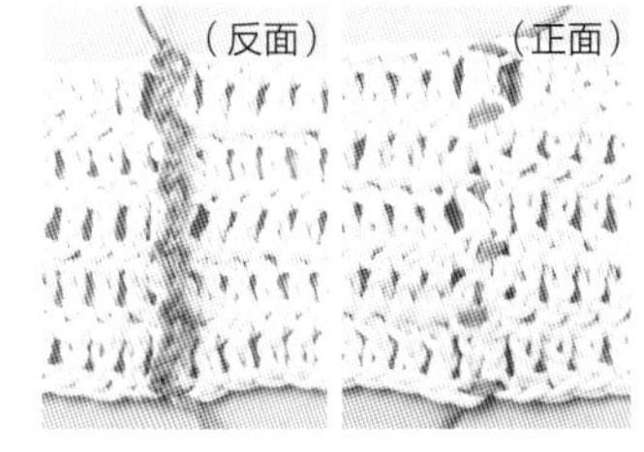

4 重复“1针引拔针、2针锁针”的方法缝合。锁针针数依据花样变化，接着在对应引拔位置（下个针脚的顶部）钩织几针长度合适的锁针。

绚丽多彩的胸针 图片 >> p.16

图片 >> p.16

＊准备的材料

线均为DMC RETORT

A：浅茶色（2436）、红色（2304）、蓝色（2824）、深灰色（2413）、淡灰色（2415）…各1支、纽扣直径21mm…1个、纽扣直径18mm…2个、胸针（45mm 镍）…1个、多功能强力胶

B：ÉCRU、粉色（2574）、黄色（2727）、深粉色（2309）、绿色（2957）、黄绿色（2144）…各1支、纽扣直径21mm…各1个、胸针（20mm 古铜色）…各1个、多功能强力胶

＊工具 绕编卡片（参考p.18）a / 直径5cm（纵线12等分）、b / 直径4cm（纵线12等分）、c / 直径4cm（纵线8等分）、缝针

＊完成尺寸 参考图片

＊制作方法

A：参考p.18、19，用指定大小的绕编卡片每个色各制作1个织物。红色放入21mm的纽扣缝合，蓝色和浅灰色放入18mm的纽扣缝合。叠放配件后缝合固定，在反面安装胸针。

B：参考p.18、19，用绕编卡片b或c（按自己喜好）制作8根纵线或12根纵线的织物，放入纽扣缝合。在反面安装胸针。

配色表

绕编卡片	织物	纽扣
a	浅茶色 1个	—
b	红色 1个	21mm
c	蓝色·淡灰色 各1个	18mm
	深灰色 1个	—

❶叠放淡茶色和深灰色，分别将多出的横线缝合固定

❷在步骤❶上方缝合固定红色、蓝色、淡灰色的包扣

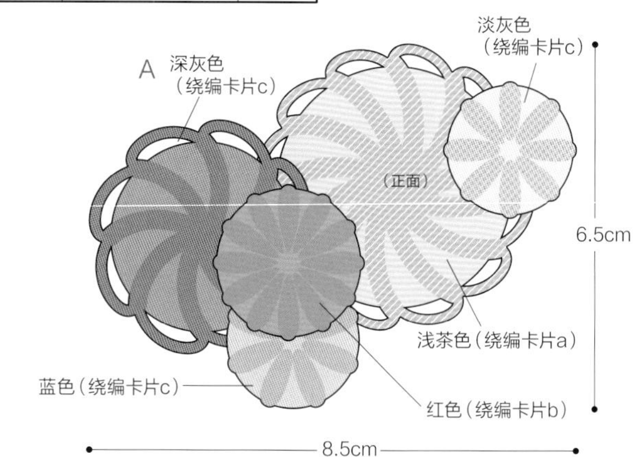

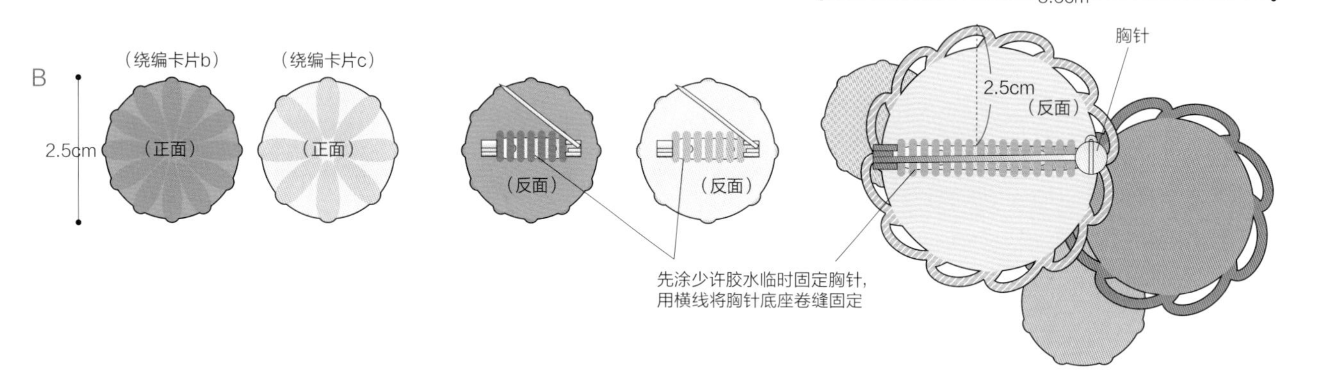

成熟配色的发夹和耳环 图片 >> p.17

图片 >> p.17

发夹

＊准备的材料

线均为MARCHEN-ART

A：Manila hemp lace纯麻蕾丝线 / 柏树皮色（915）、蒲公英花色（901）…各4g

B：仿树皮 / 珍珠银色（657）…4g、古金色（658）…2g、Manila hemp lace纯麻蕾丝线 / 柏树皮色（915）…2g

发夹金属配件（80mm 镍）…各1个、多功能强力胶

＊工具 绕编卡片（参考p.18）a / 直径5cm（纵线8等分）、b / 直径4cm（纵线8等分）、c / 直径3cm（纵线12等分）、缝针

＊完成尺寸 参考图片

＊制作方法

参考 p.18、19，A 需用绕编卡片 c 每色各制作 2 个织物，B 需按指定大小的绕编卡片制作古金色、柏树皮色各 1 个织物和珍珠银色 2 个织物。如图叠放，在反面用余下的横线适度地缝合固定（不好缝的地方用强力胶粘贴），反面安装发夹金属配件。

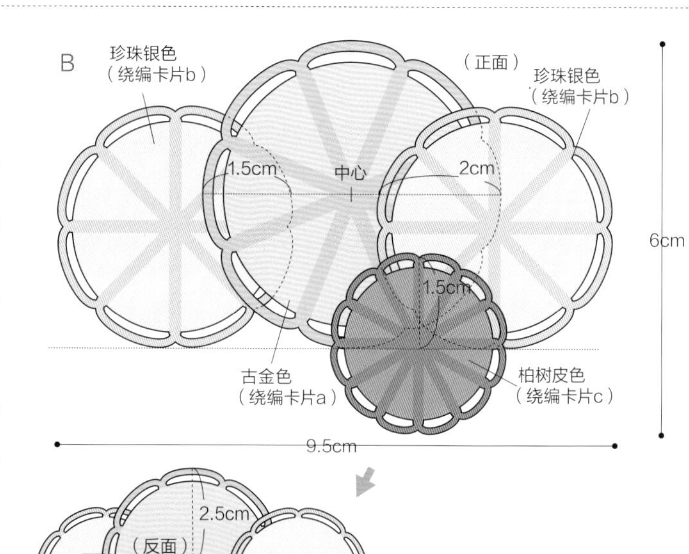

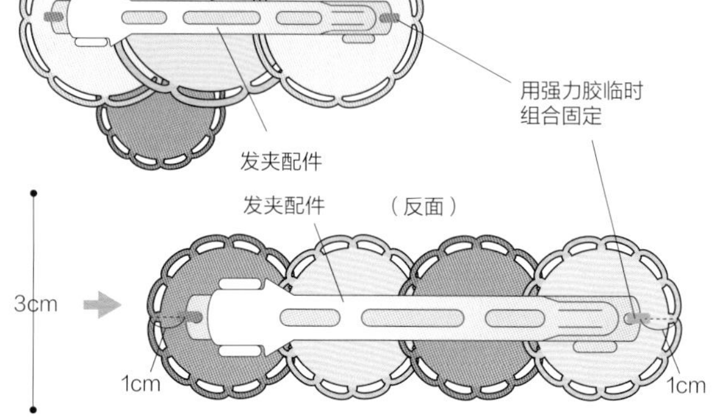

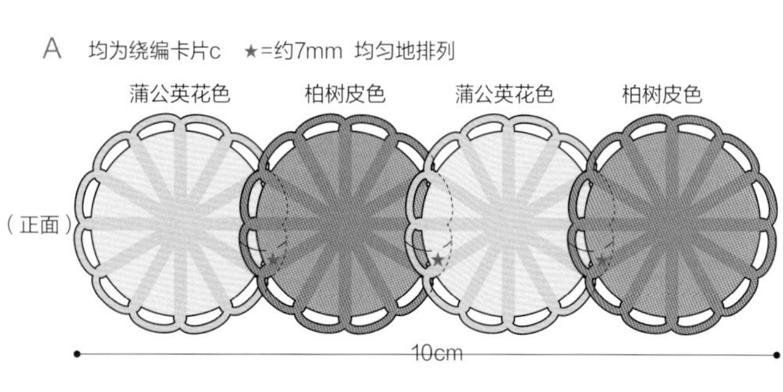

耳环

＊准备的材料

线均为DMC Étoile

C：白色…1支

D：白色…1支、纽扣直径15mm…2个

圆托盘形耳环金属配件（4mm）…各1对、多功能强力胶、手工胶水

＊工具　绕编卡片（参考p.18）a／直径2.5cm（纵线12等分）、b／直径3cm（纵线12等分）、缝针

＊完成尺寸　参考图片

＊制作方法

C：先将手工胶水薄薄地在纵线上涂抹开，放置到干透（为防止松散）。参考p.18、19，用绕编卡片a将织物绕编至直径1.3～1.5cm，从卡片上取下。用同样方法制作2个。在反面用强力胶粘贴耳环金属配件。

D：参考p.18、19，用绕编卡片b制作2个织物，放入纽扣后缝合。在反面用强力胶粘贴好耳环金属配件。

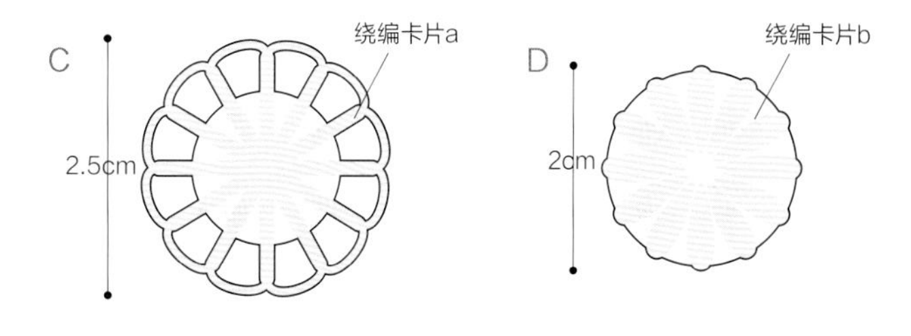

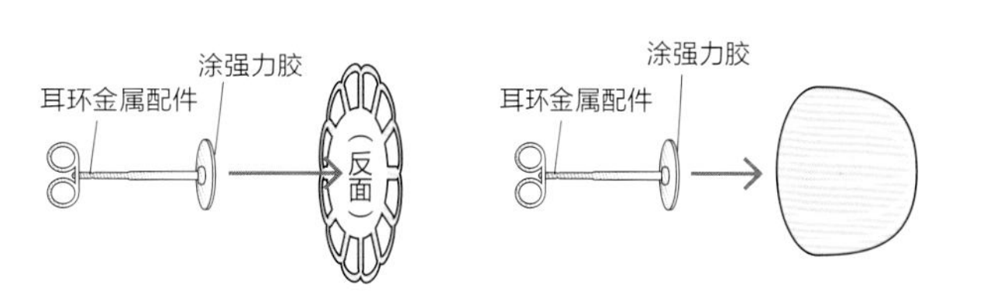

圆滚滚的发绳 图片 >> p.17

＊准备的材料

A：Manila hemp lace纯麻蕾丝线／红色×原色…7g、纽扣直径24mm、21mm…各1个、发绳（浅驼色）…20cm

B：DARUMA LILI／米白色（1）…5g、薄荷色（5）…3g、纽扣直径24mm、21mm…各1个、发绳（淡蓝色）…20cm

＊工具　绕编卡片（参考p.18）a／直径5cm（纵线8等分）、b／直径4cm（纵线8等分）、缝针

＊完成尺寸　参考图片

＊制作方法

参考 p.18、19，A 需用指定大小的绕编卡片各制作 1 个织物。B 需用指定大小的绕编卡片 a 制作 1 个米白色和薄荷色的织物、用绕编卡片 b 制作 1 个米白色织物。放入纽扣缝合固定，如图所示穿入发绳作成圆环。

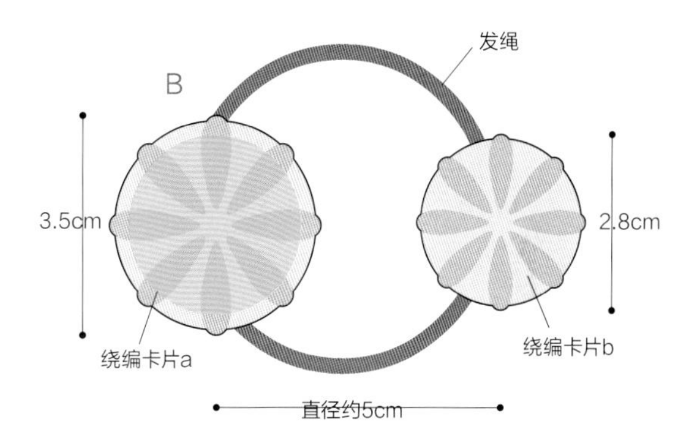

配色表

A

绕编卡片	织物	纽扣
a	红色×原色1个	24mm
b	红色×原色1个	21mm

B

绕编卡片	织物	纽扣
a	薄荷色（自中心开始1.5cm）米白色（外侧）1个	24mm
b	米白色1个	21mm

穿发绳的方法

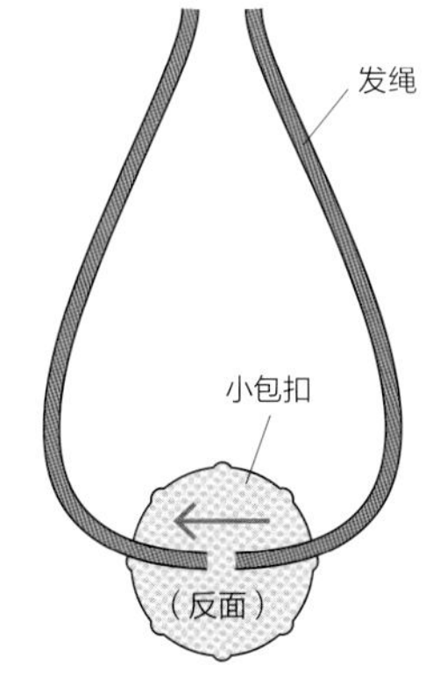

❶将橡皮筋穿入粗孔缝针，穿过小包扣的反面打结

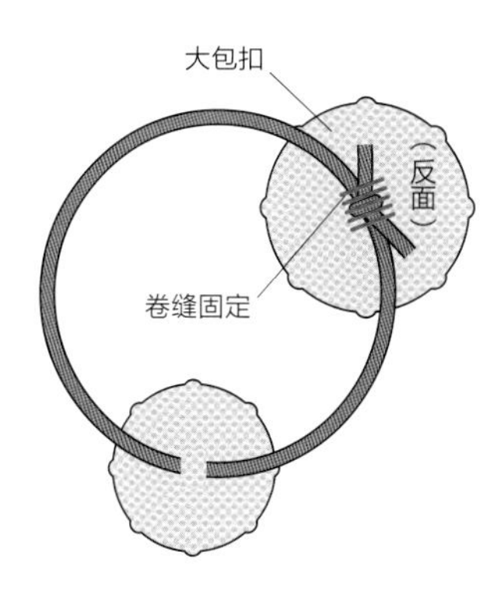

❷将大包扣的反面对准橡皮筋的打结处，用留出的横线遮盖住打结处的进行卷缝固定

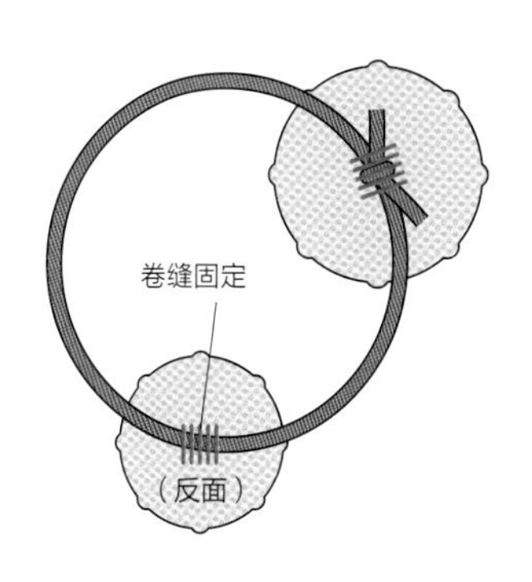

❸用步骤❶中小包扣的横线在反面卷缝固定

绚丽多彩的圆形发夹 图片 >> p.4

＊准备的材料

线均为 OLYMPUS（奥林巴斯）25号刺绣线

A（橙色系）：浅驼色（733）、橘色（524）、茶色（785）、赭色（512）、橙色(171)…各0.5支、发夹金属配件（60mm 镍）…1个

B（蓝色系）：浅灰色（484）、绿色(231)、蓝色（392）、蓝灰色（316）、湖蓝色（2215）…各0.5支、发夹金属配件（60mm 镍）…1个

＊针　钩针2/0号

＊完成尺寸　参考图片

＊制作方法

钩织花片，制作3片相连和2片相连的部件。

将2个部件缝合在一起，反面用胶水粘贴金属配件后缝合固定。

配色表

	A	B
■	浅驼色	浅灰色
■	橘色	绿色
■	茶色	蓝色

	A	B
■	赭色	蓝灰色
■	橙色	湖蓝色

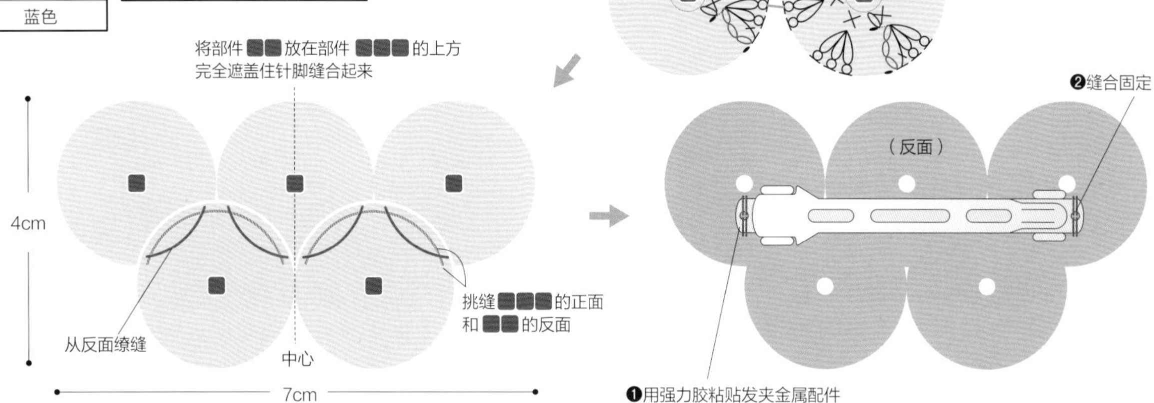

圆形和三角形相连的饰品 图片 >> p.5

＊准备的材料

线均为 OLYMPUS（奥林巴斯）25号刺绣线

耳环：黄绿色（277）、粉色（133）、淡蓝色（220）…各0.5支、绿色（231）…1m、圆形开口圈（1.4×10mm 银色）…2个、圆托盘形耳环金属配件（10mm）…1对

手链：粉色（133）、淡蓝色（220）…各1支、黄绿色（277）…0.5支、绿色（231）…1.5m、圆形开口圈（1.4×10mm 银色）…7个、龙虾扣…1个

＊针　钩针2/0号

＊完成尺寸　参考图片

＊制作方法

换色钩织所需数量的圆形和三角形花片。耳环用圆形开口圈将圆形和三角形花片相连，在圆形花片的反面涂胶水粘贴耳环金属配件。手链如图所示用圆形开口圈相连，一侧前端装上龙虾扣。

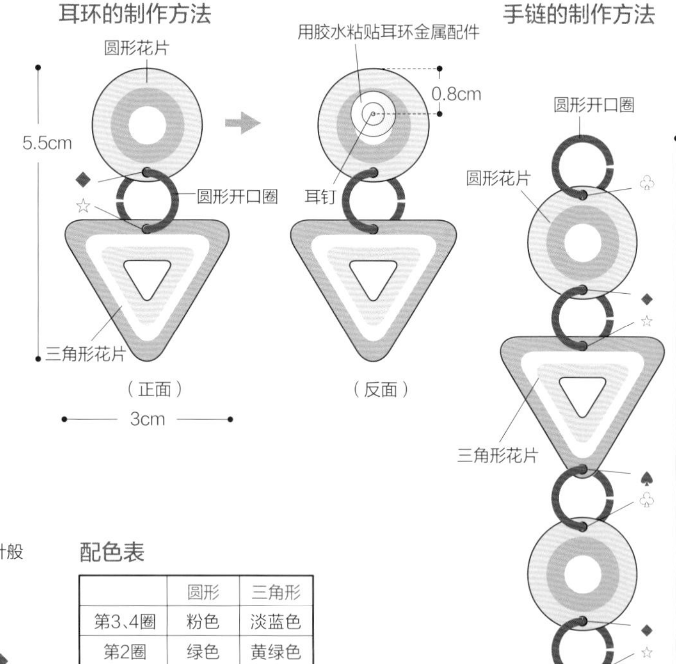

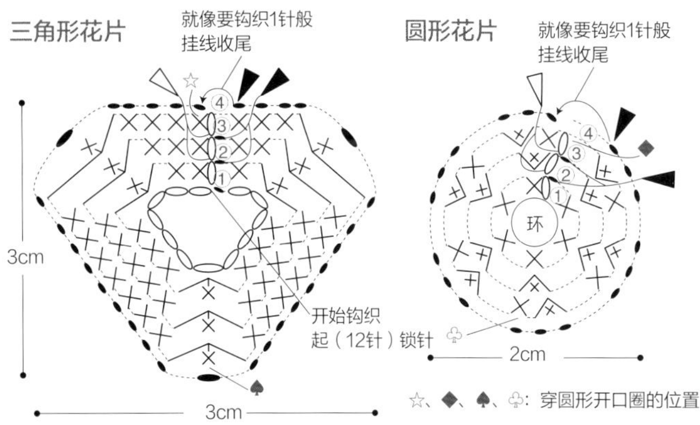

配色表

	圆形	三角形
第3、4圈	粉色	淡蓝色
第2圈	绿色	黄绿色
第1圈	黄绿色	粉色

圆形花片饰品 图片 >> p.4

＊准备的材料

线均为OLYMPUS（奥林巴斯）25号刺绣线

耳钩：茶金色（755）、浅驼色（733）、赭色（562）、绿色（253）…各0.5支、胸针（20mm 镍）…1个

耳环：茶金色（755）、浅驼色（733）、赭色（562）…各0.5支、耳钩（银色）…1对、圆形开口圈（1.0×6mm 银色）…4个

＊针 钩针2/0号

＊完成尺寸 参考图片

＊制作方法

胸针和耳环的圆形部件的编织方法通用。胸针需将钩织好的茎和叶的部件与圆形配件相连，在反面缝合胸针。耳环需用圆形开口圈安装在耳环配件上。

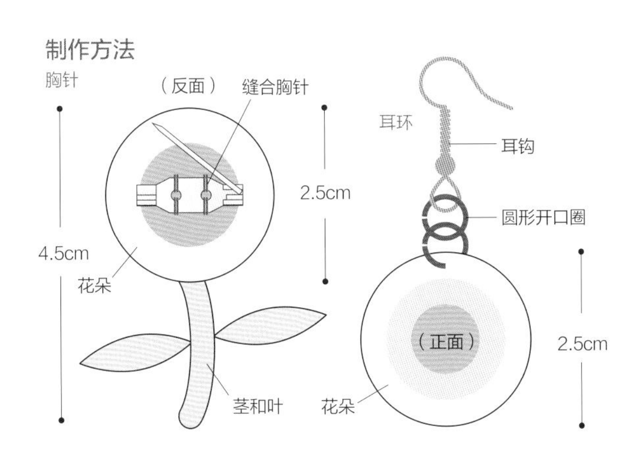

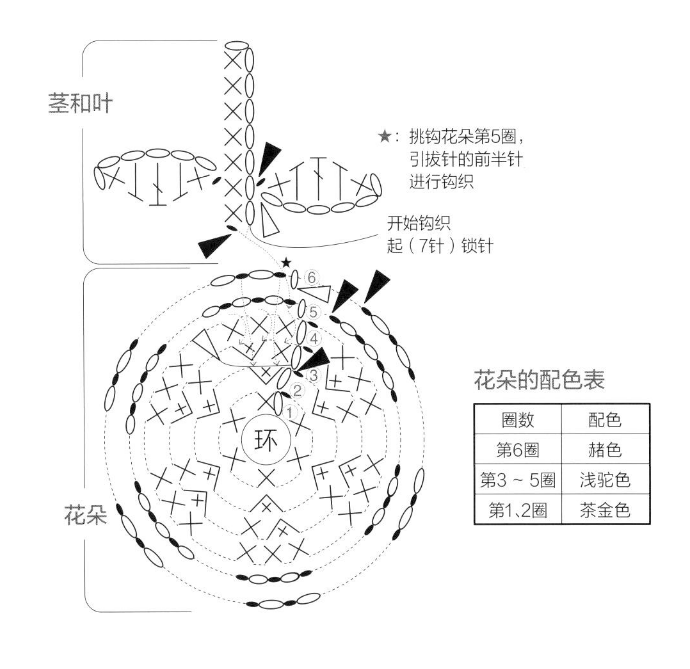

花朵的配色表

圈数	配色
第6圈	赭色
第3～5圈	浅驼色
第1、2圈	茶金色

花朵的挑针方法 第3圈：挑钩上一行的后半针
第4圈：挑钩第3行的前半针
第5圈：挑钩第3行的后半针
第6圈：挑钩第2行的前半针

方形花片饰品 图片 >> p.5

＊准备的材料

线均为OLYMPUS（奥林巴斯）25号刺绣线

发绳：湖蓝色（2215）、橘色（524）、紫色（675）、粉色（1046）、黄色（543）、藏蓝色（366）…各0.5支、发绳／黑色…1个

耳钩：湖蓝色（2215）、橘色（524）、粉色（1046）、藏蓝色（366）…各0.5支、胸针（30mm 镍）…1个

＊针 钩针2/0号

＊完成尺寸 参考图片

＊制作方法

按指定的换色要求钩织方形花片。发绳是将织片对折夹住发绳后缝合。胸针是叠放并缝合4片花片，在反面缝合固定胸针。

发绳配色表

	■	■	■	■	■
第2圈	黄色	紫色	湖蓝色	藏蓝色	粉色
第1圈	湖蓝色	橘色	紫色	粉色	黄色

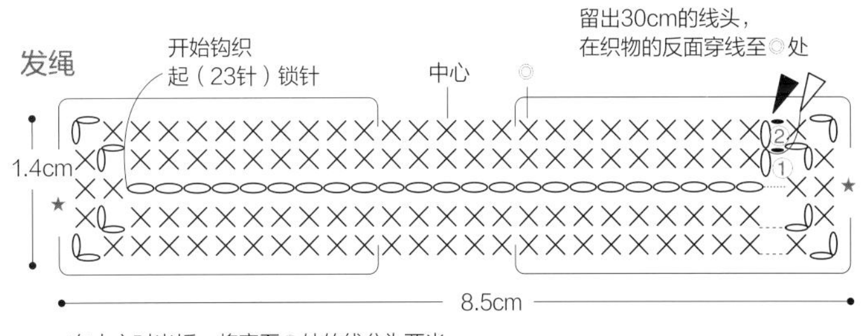

在中心对半折，将穿至◎处的线分为两半

半边剪断，另半边平针缝合★标记处（在第2圈的针脚顶部入针缝合）

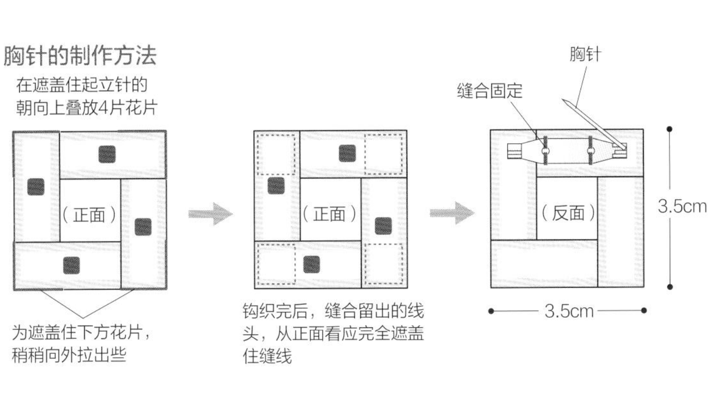

胸针的配色表

	■	■	■	■
第2圈	橘色	粉色	藏蓝色	湖蓝色
第1圈	粉色	藏蓝色	湖蓝色	橘色

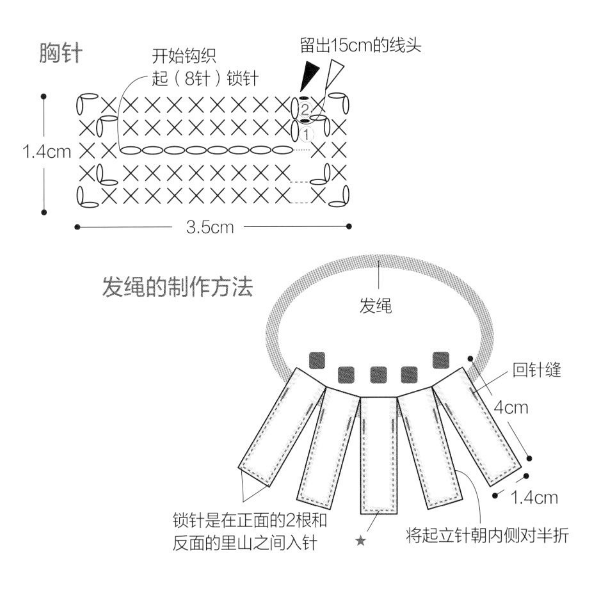

蒲公英 图片 >> p.6

图片 >> p.6

＊准备的材料

线均为 OLYMPUS（奥林巴斯）25号刺绣线

发夹：黄色（581）、深黄绿色（289）、深绿色（238）…各0.5支、深黄色（582）…2m、HAMANAKA（和麻纳卡）Flax C／浅驼色（3）…3m、发夹金属配件（60mm 镍）…1个

耳环：黄色（581）…0.5支、深黄色（582）、深绿色（238）、深黄绿色（289）…各1m、圆托盘形耳环金属配件（3~4mm）…1对

戒指：深绿色（238）…1.2m、581（黄色）…1m、深黄色（582）、深黄绿色（289）…各0.5m、HAMANAKA（和麻纳卡）Flax C／浅驼色（3）…少许、花洒底托…1个

＊针和工具 发夹：蕾丝钩针12号、6号、4号 耳环：蕾丝钩针12号、6号

戒指：蕾丝钩针12号 熨烫喷雾定型胶

＊完成尺寸 参考图片

＊制作方法

发夹：用指定的线钩织指定数量的花瓣、花芯、花蕾、花萼和叶片，组合在一起。钩织底座（与p.39三叶草相同），缝合花朵、花蕾、叶片，在底座反面用胶水粘贴金属配件后缝合固定。

耳环：钩织花瓣、花芯和花萼各2片、叶片1片。在耳环金属配件的反面涂上胶水，穿过花萼，缝合叶片、花朵。

戒指：钩织花瓣、花芯、花萼和叶片，组合花朵。在戒指花洒底托上缝合部件，将Flax C的线拆成单股，卷缝在底座上进行固定。

＊完成 喷定型胶并整形，待其自然风干。

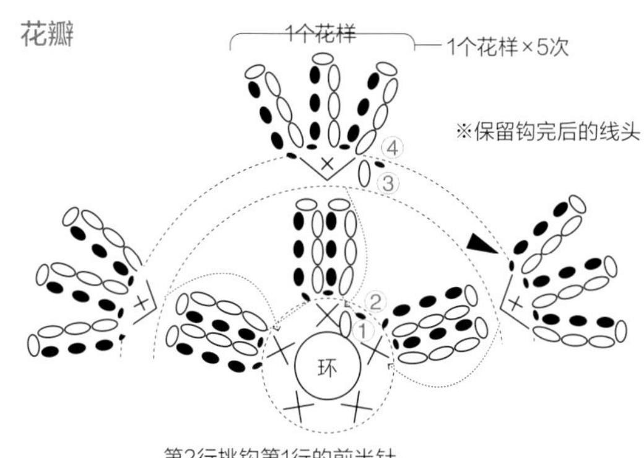

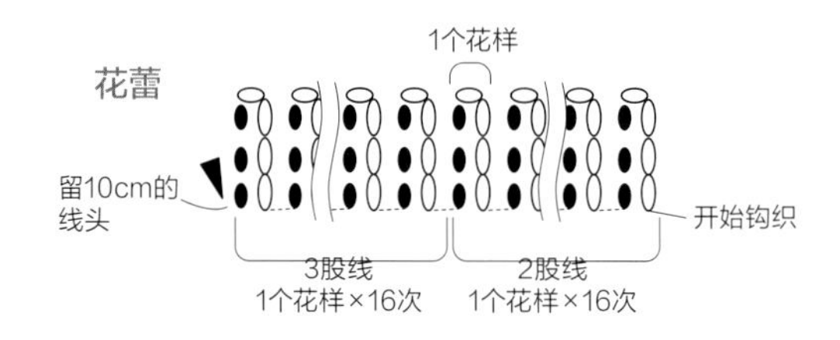

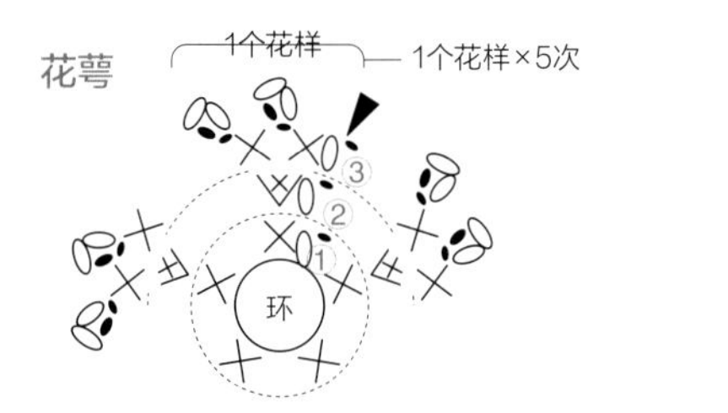

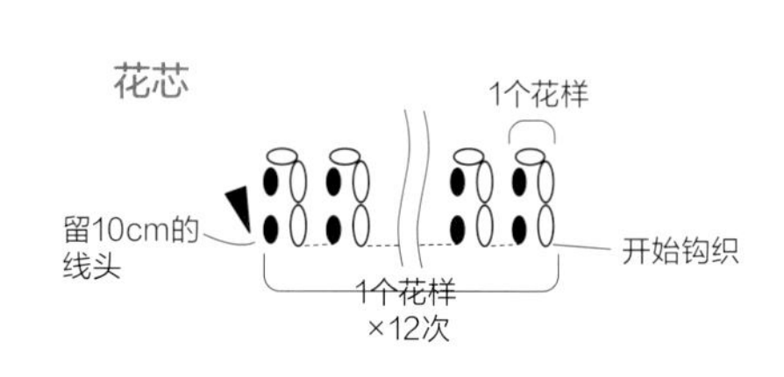

配色表和数量

线为3股线（6号针）、2股线（12号针）

	配色	发夹	耳环	戒指
花瓣／3股线	黄色	3	2	1
花芯／2股线	深黄色	3	2	1
花蕾／2股线	深黄色	1	—	—
3股线	黄色			
叶片A／3股线	深绿色	2	—	1
叶片B／3股线	深绿色	3	1	2
花萼／3股线	深黄绿色	4	2	1

※戒指的花瓣、花萼、叶片A、B用2股线（12号针）、花芯用1股线（12号针）钩织。

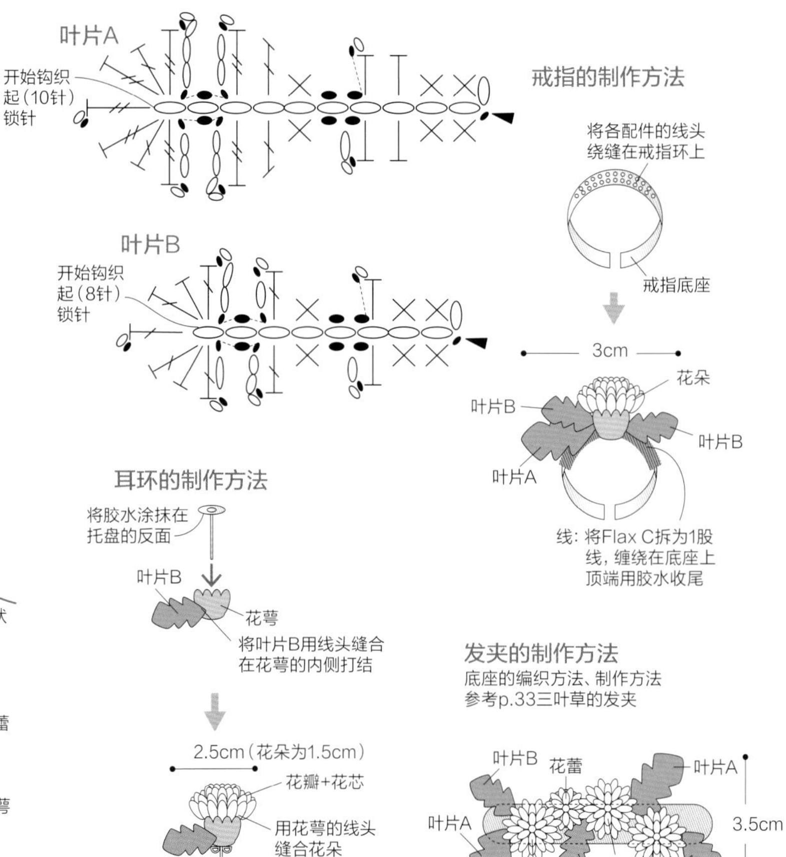

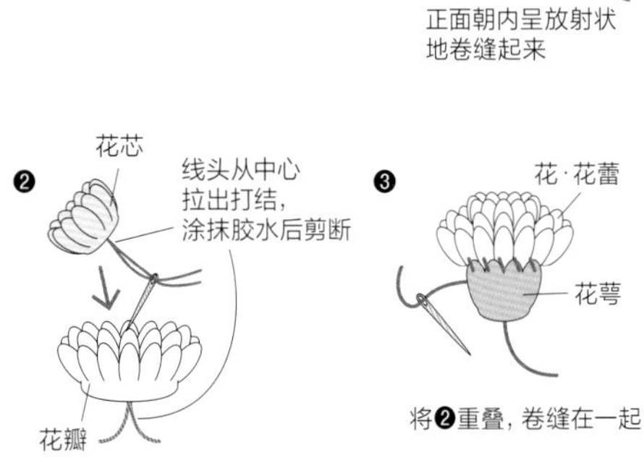

三叶草 图片 >> p.6

图片 >> p.6

＊准备的材料

线均为OLYMPUS（奥林巴斯）25号刺绣线

发夹：米色（731）、浅绿色（287）…各0.5支、绿色（237）…1.5m、HAMANAKA（和麻纳卡）Flax C／浅驼色（3）…3m、发夹金属配件（60mm 镍）…1个

手链：米色（731）…1支、浅绿色（287）、绿色（237）…各0.5支、HAMANAKA（和麻纳卡）Flax C／浅驼色（3）…4m、手工填充棉…少许

＊针和工具 蕾丝针6号、4号 熨烫喷雾定型胶

＊完成尺寸 参考图片

＊制作方法

用指定的线钩织指定数量的花朵、叶片。钩织底座，缝合花朵、叶片。发夹需在底座反面涂抹胶水粘贴金属配件后缝合固定。

＊完成 喷定型胶并整形，待其自然风干。

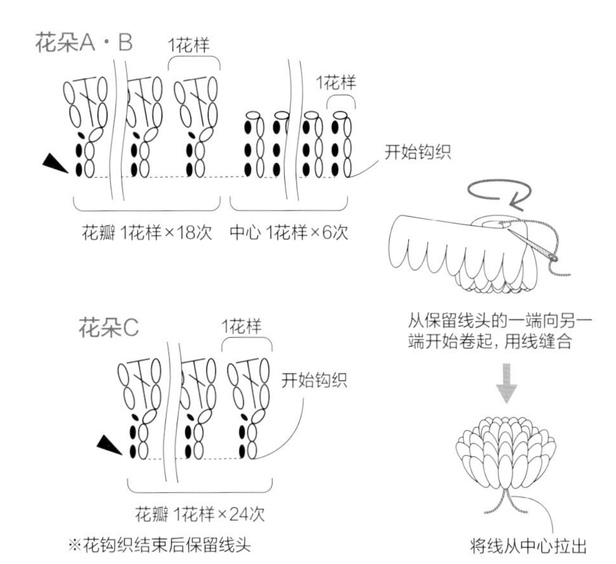

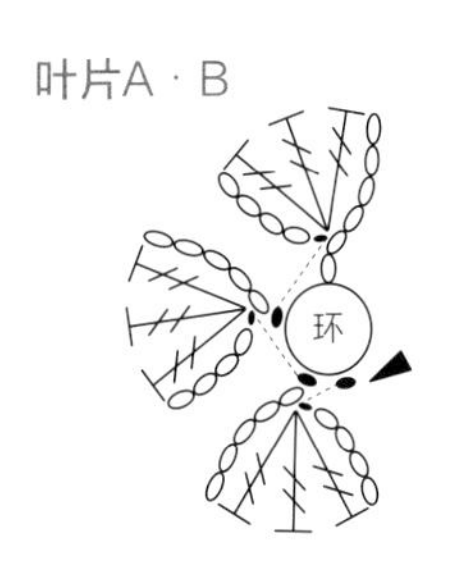

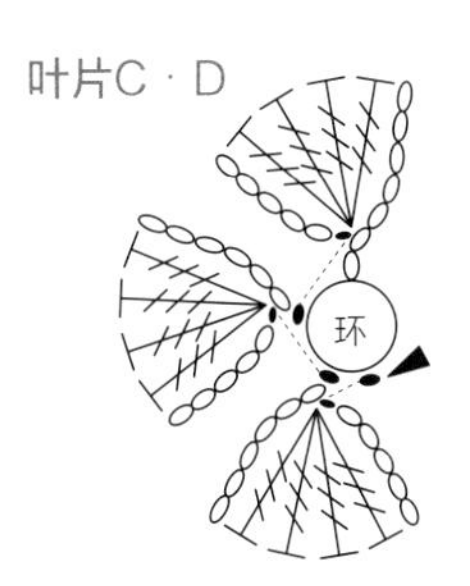

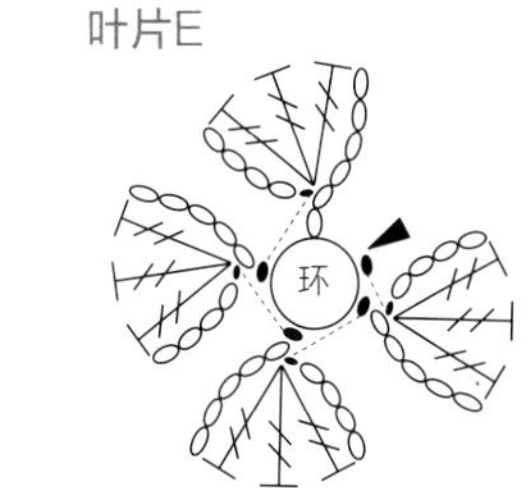

※保留钩织完叶片的线头

花朵的配色表 线为3股线（6号针）

	花朵A	花朵B	花朵C
花瓣	米色	米色	米色
中心	浅绿色	绿色	—

部件的个数表

	手链	发夹
花朵A	1	2
花朵B	1	—
花朵C	2	1
叶片A	3	1
叶片B	3	1
叶片C	2	2
叶片D	2	1
叶片E	1	1

叶片的配色表 线为3股线（6号针）

	叶片A	叶片B	叶片C	叶片D	叶片E
叶片	浅绿色	绿色	浅绿色	绿色	绿色
花样	—	米色	—	米色	米色

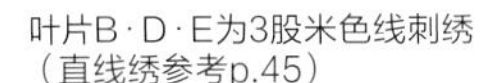

※抽紧环，将线头从环处拉至反面

手链底座
线：Flax C（4号针）

发夹底座 线：Flax C（4号针）

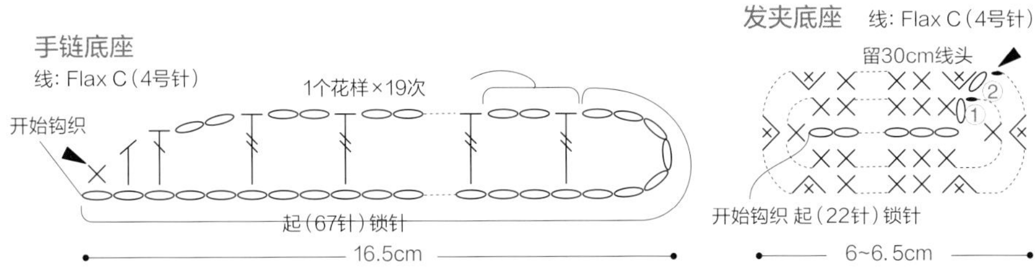

纽扣 线：Flax C（4号针）

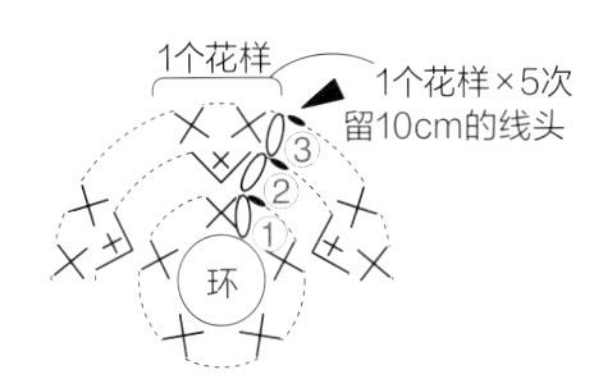

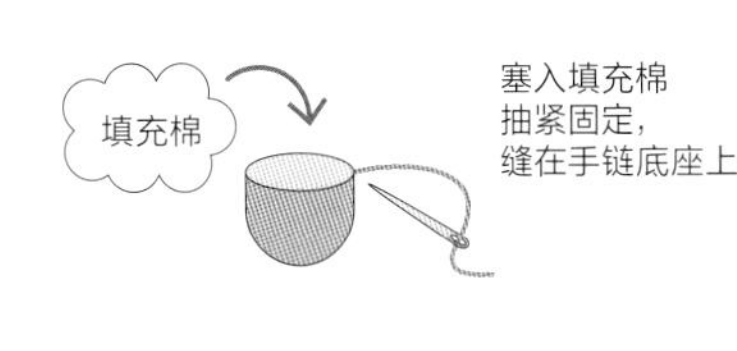

发夹的制作方法

将部件缝合在底座上

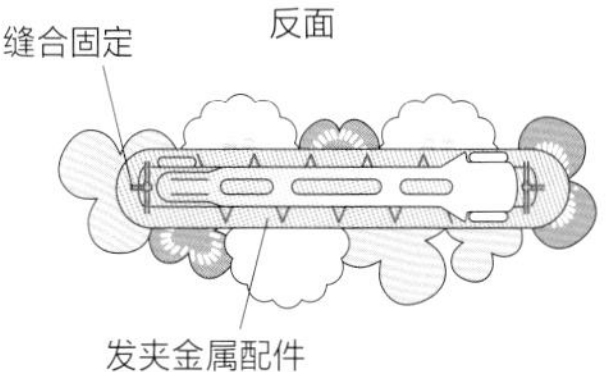

在底座的反面用强力胶粘贴金属配件，上下渡线缝合固定

手链的制作方法

将各部件用留下的线头缝合固定
涂胶水将线穿过钩织针脚收尾

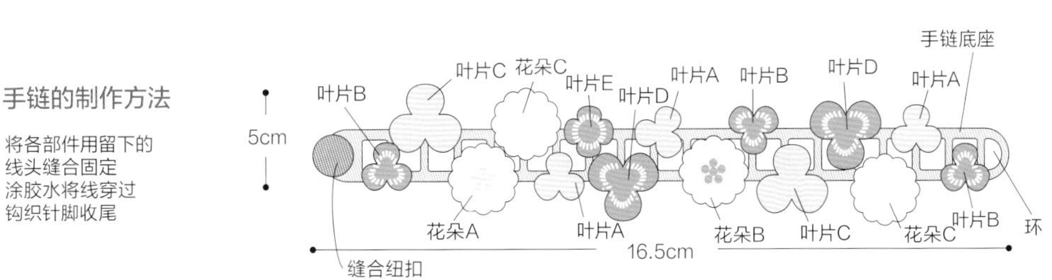

山茱萸 图片 >> p.7

＊准备的材料

线均为OLYMPUS（奥林巴斯）25号刺绣线

耳钩：深粉色（767）、黄绿色（287）、浅粉色（7010）…各0.5支、绿色（237）…1.5m、米色（731）、淡粉色（765）、粉色（766）…各1m、HAMANAKA（和麻纳卡）Flax C／浅驼色（3）…6m、胸针（25mm 古铜色）…1个

耳环：粉色（766）…0.5支、黄绿色（287）、绿色（237）…各1.5m、浅驼色（742）…1.2m、圆托盘形耳环金属配件（3~4mm）…1对

＊针和工具　耳钩：蕾丝钩针6号、4号　耳环：蕾丝钩针12号、6号　熨烫喷雾定型胶

＊完成尺寸　参考图片

＊制作方法

耳钩：钩织花朵A、B、D、叶片A~C各1片。钩织花芯，与花瓣叠放缝合。钩织2片底座，一片缝花朵和叶片。另一片缝合胸针，2片用胶水粘贴起来，钩织外圈。

耳环：钩织2片花朵C和1片叶子C。钩织底座，缝合花朵和叶子。在金属配件的托盘上涂抹胶水，盖在底座上，将钩织好的线穿过针脚抽紧。

＊完成　喷定型胶并整形，待其自然风干。

花朵A · B · C

※留出钩完花朵的线头

开始钩织

×1个花样4次

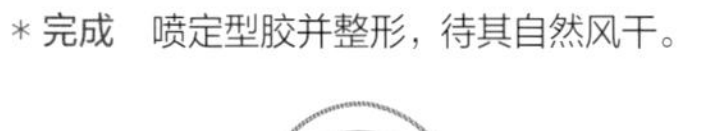

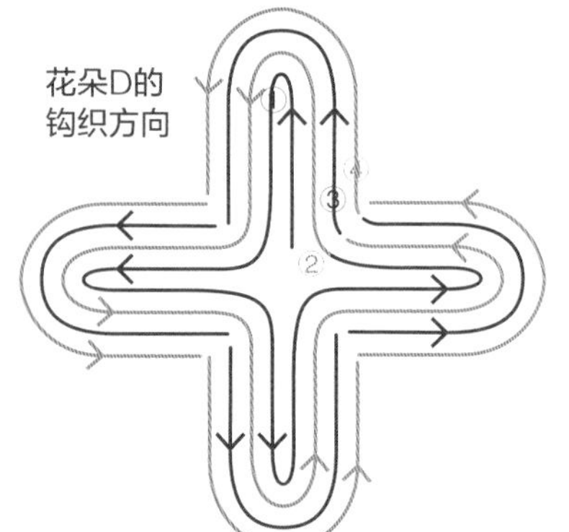

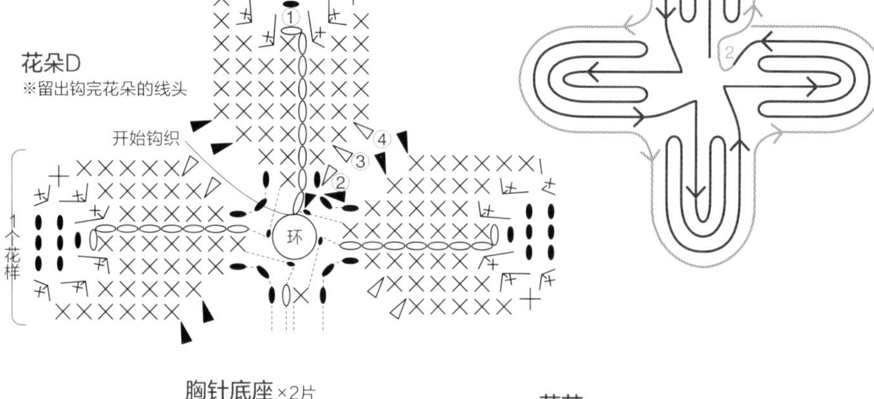

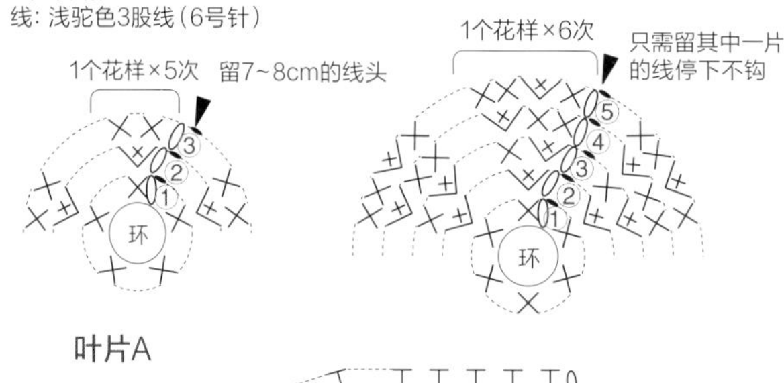
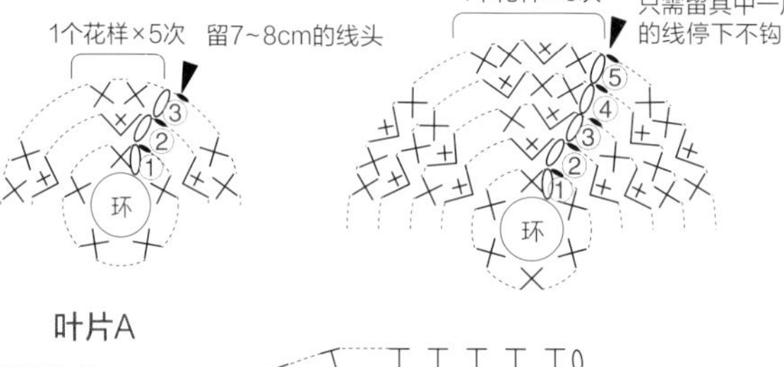

花芯

留10cm的线头

1个花样

1个花样×12次

开始钩织

配色表

胸针是3股线（6号针）
耳环是2股线（12号针）

		配色
花朵A		浅粉色
花朵B		深粉色
花朵C		粉色
花朵D/3股线	第1行	米色
	第2行	浅粉色
	第3行	淡粉色
	第4行	粉色
花芯		黄绿色
叶片A		绿色
叶片B		绿色
叶片C		黄绿色

花朵的制作方法

参考p.38蒲公英「花朵的制作方法」卷起花芯缝合。将线头穿过花朵部件的中心，重叠缝合固定

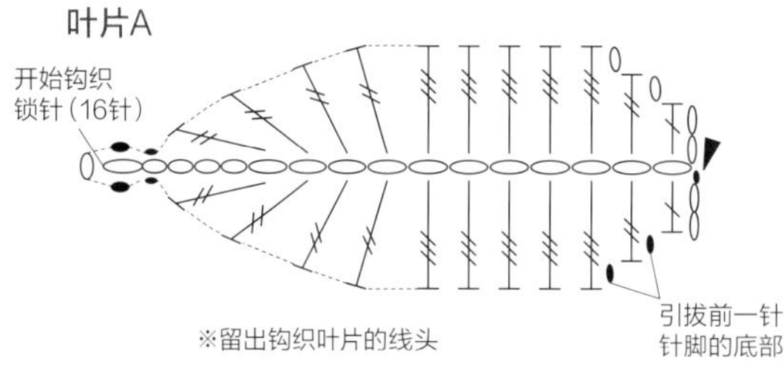

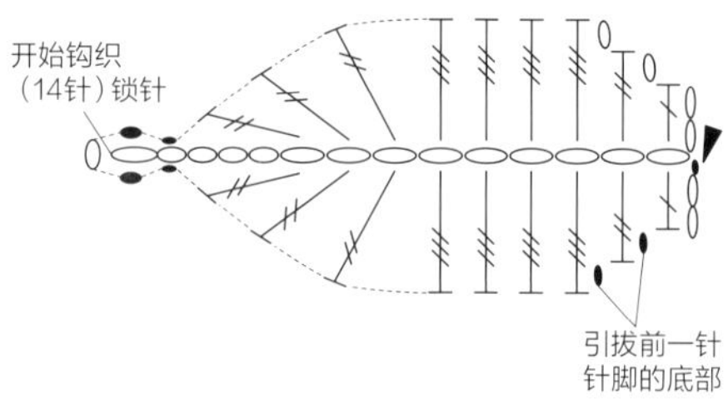

胸针的制作方法

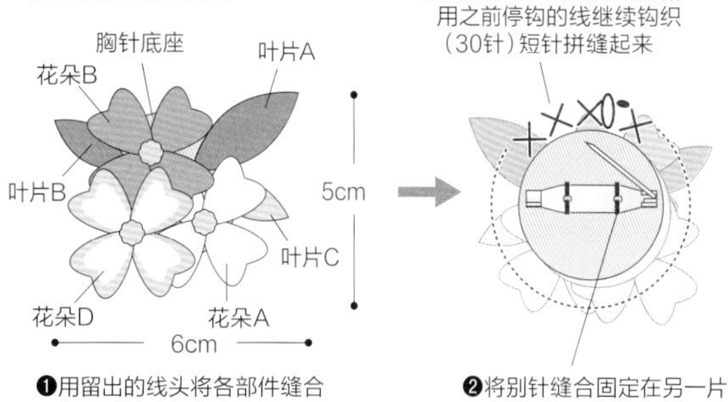

❶用留出的线头将各部件缝合在一片的胸针底座上

❷将别针缝合固定在另一片胸针底座上

耳环的制作方法

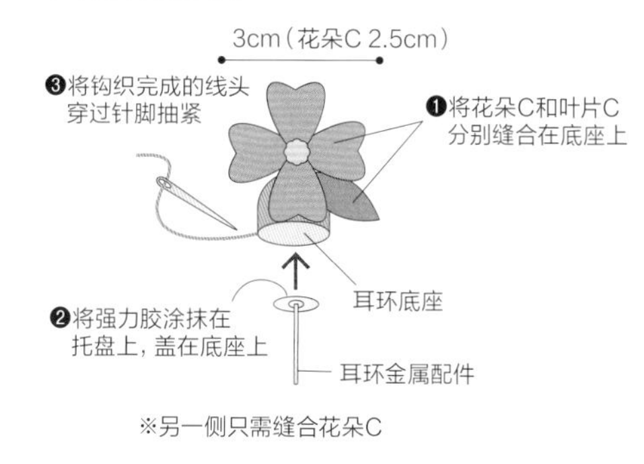

※另一侧只需缝合花朵C

绣球花 图片 >> p.7

＊准备的材料

线均为OLYMPUS（奥林巴斯）25号刺绣线

耳钩：浅淡蓝色（3041）、淡蓝色（3042）、灰紫色（485）…各1.5m、灰绿色（236）…1.2m、铁紫色（488）…0.5m、HAMANAKA（和麻纳卡）Flax C／浅驼色（3）…4m、胸针（25mm 古铜色）…1个

耳环：浅驼色（742）…2m、浅淡蓝色（3041）、淡蓝色（3042）、灰紫色（485）…各1.5m、铁紫色（488）…0.5m、圆托盘形耳环金属配件（6mm）…1对

＊针和工具　耳钩：蕾丝钩针6号、4号　耳环：蕾丝钩针12号、6号　熨烫喷雾定型胶

＊完成尺寸　参考图片

＊制作方法

耳钩：花朵A～C各钩织2片，穿过花芯抽紧。叶片A，B各钩织1片，底座钩织2片。在一片底座上缝合花朵和叶片，在另一片底座上缝合固定胸针，2片底座用强力胶对齐粘贴，钩织外圈。

耳环：底座钩织至第3行，停下不钩。花朵A～C各钩织4片，缝合在底座上后，完成底座的制作。在金属托盘上涂抹强力胶，盖在底座上，将编织好的线头穿过针脚抽紧。

＊完成　喷定型胶并整形，待其自然风干。

花朵A · B · C

环

花芯 打结

（绕线2圈）

穿过花朵的环抽紧

胸针底座 ×2片

线：FlaxC（4号针）

1个花样×6次

只需留其中一片的线停下不钩

环

耳环底座

线：浅驼色3股线（6号针）

1个花样×6次

环

※钩织至第3行后停下不钩，缝完花朵后钩织第4行

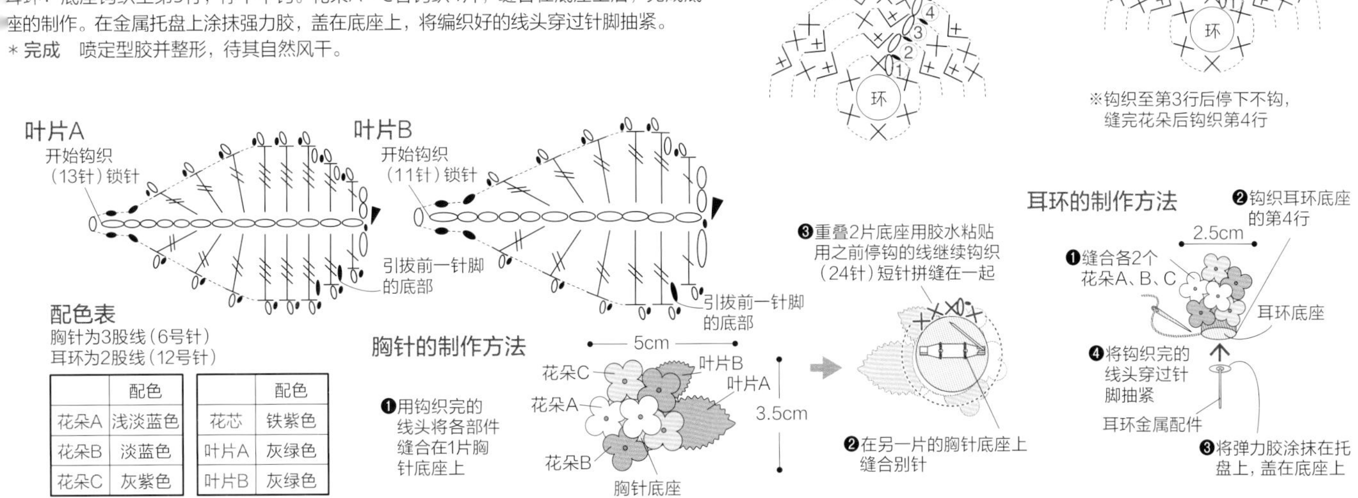

	配色
花朵A	浅淡蓝色
花朵B	淡蓝色
花朵C	灰紫色

	配色
花芯	铁紫色
叶片A	灰绿色
叶片B	灰绿色

草莓 图片 >> p.7

＊准备的材料

线均为OLYMPUS（奥林巴斯）25号刺绣线

红褐色（768）、深绿色（289）…各0.5支、米色（731）…1.5m、浅绿色（288）…1.2m、淡绿色（235）…0.5m、HAMANAKA（和麻纳卡）Flax C／浅驼色（3）…2m、别针（60mm 古铜色）…1个、手工填充棉…少许

＊针和工具　蕾丝钩针6号、4号　熨烫喷雾定型胶

＊完成尺寸　参考图片

＊制作方法

钩织果实，填入棉后抽紧。钩织花萼，缝合果实。钩织花朵和花芯，在花朵的中心叠放花芯。钩织叶片和底座。在底座中心缝合果实、花朵、叶片，在底座的反面涂抹胶水包住别针，缝合起来。

＊完成　喷定型胶并整形，待其自然风干。

配色表

线均为3股线（6号针）

	配色
果实A · B	红褐色
花萼	浅绿色
花朵	米色
花芯	淡绿色
叶片A · B	深绿色

花萼A

花萼B

❶引拔★处的短针

❷引拔后钩织1针锁针返回茎处

留出8cm的线头

开始钩（8针）锁针

留出8cm的线头

开始钩（8针）锁针

花萼A、B的钩织方向

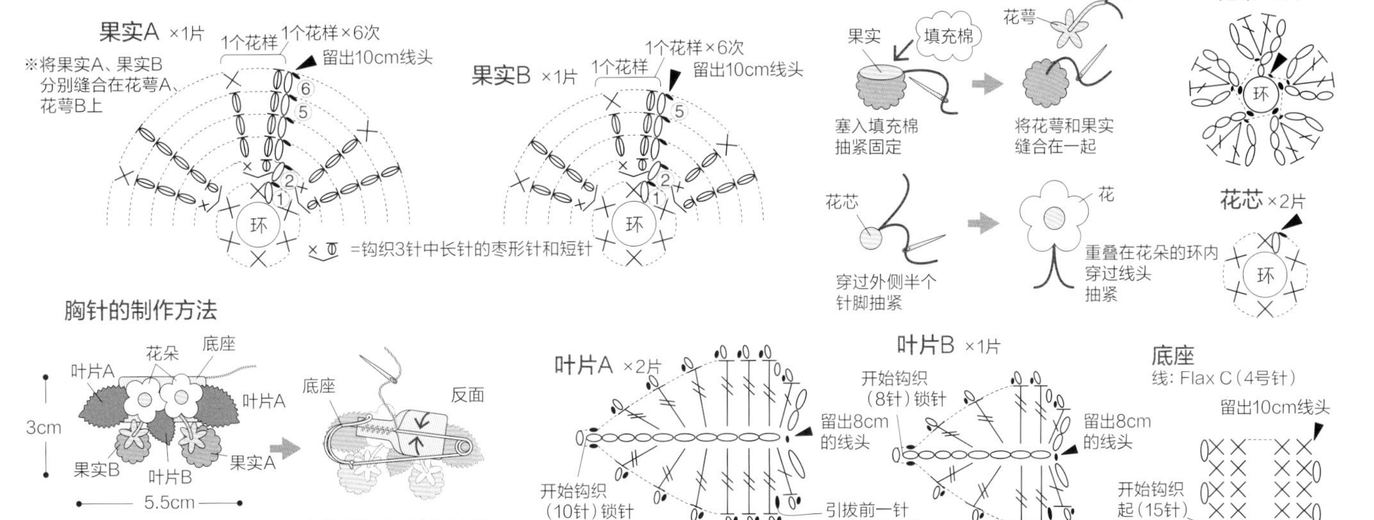

搭配珠子的发绳 图片 >> p.8

＊准备的材料

藏蓝色系：OLYMPUS（奥林巴斯）Emmy Grande（HOUSE）/ 藏蓝色（H19）…5g、圆形棉花珍珠 6mm / 黄白色…5颗、TOHO大圆珠 蓝色（511F）…62颗

米色系：OLYMPUS（奥林巴斯）Emmy Grande（HOUSE）/ 米色（H3）…5g、圆形棉花珍珠 6mm / 灰色…5颗、TOHO大圆珠 / 银色（558）…62颗

发绳 / 茶色…各1个

＊针　钩针3/0号

＊完成尺寸　参考图片

＊制作方法

以短针包钩发圈，短针的两侧交替钩织松针花样（钩入棉花珍珠）。在钩入大圆珠的同时，钩织下一行。

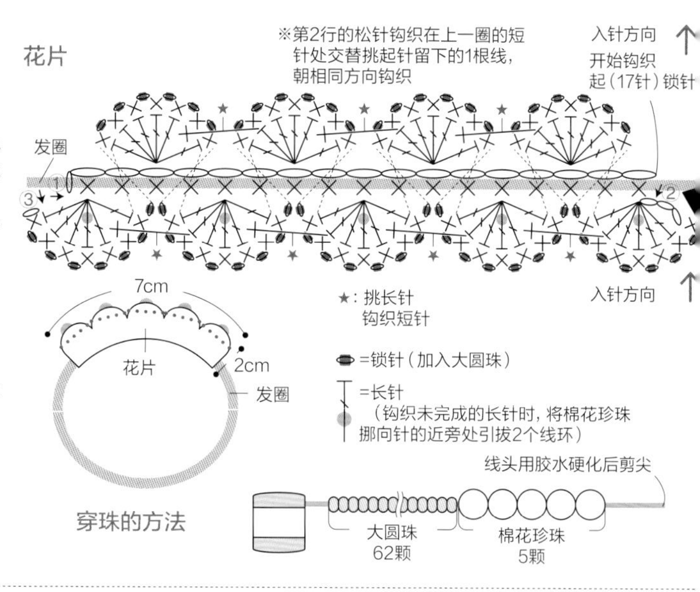

亮片发夹 图片 >> p.8

＊准备的材料

OLYMPUS（奥林巴斯）Emmy Grande（HOUSE）/ 黄绿色（H11）…5g、TOHO小圆珠 / 金色（988）…36颗、TOHO六边形亮片6mm / 淡绿色（910）…36个、发夹金属配件（80mm 金色）…1个

＊针　钩针3/0号

＊完成尺寸　参考图片

＊制作方法

线上穿入珠子和亮片，钩织珠子亮片的同时，钩织1片花片a。再钩一片没有珠子的花片b，用分股线固定金属配件。2片对齐卷缝。

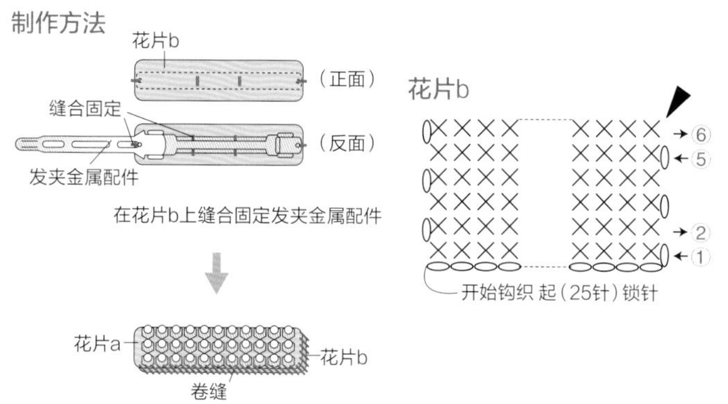

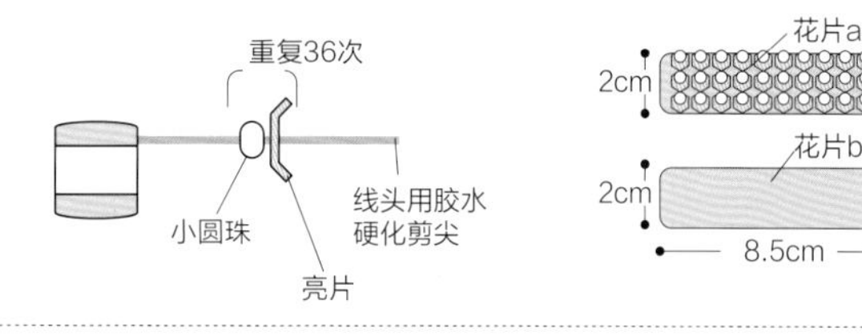

花朵手链 图片 >> p.8

＊准备的材料

A（红色）：OLYMPUS（奥林巴斯）Emmy Grande（HOUSE）/ 红色（H17）…5g、圆形棉花珍珠 8mm / 黑色…5颗

B（米色）：OLYMPUS（奥林巴斯）Emmy Grande（HOUSE）/ 米色（H3）、黑色（H20）各2g、圆形棉花珍珠 8mm / 土黄色…5颗

龙虾扣调节延长链套件（G）…各1对

＊针　钩针3/0号

＊完成尺寸　参考图片

＊制作方法

线上穿入棉花珍珠，钩织珠子亮片的同时钩织底基。挑棉花珍珠处的针脚钩织5朵花朵，在两端安装金属配件。

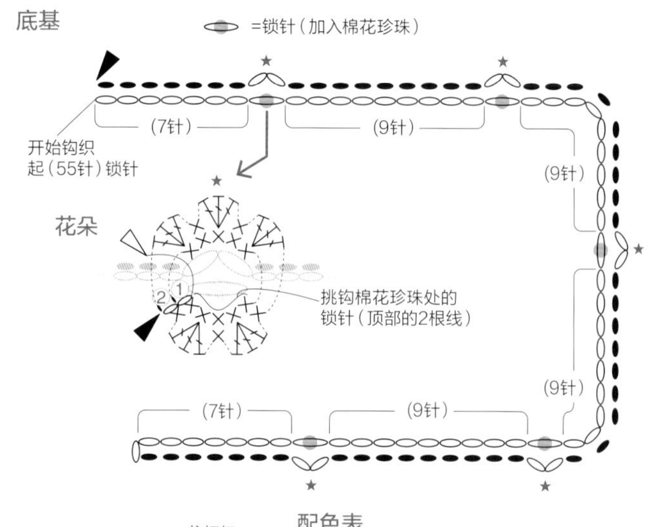

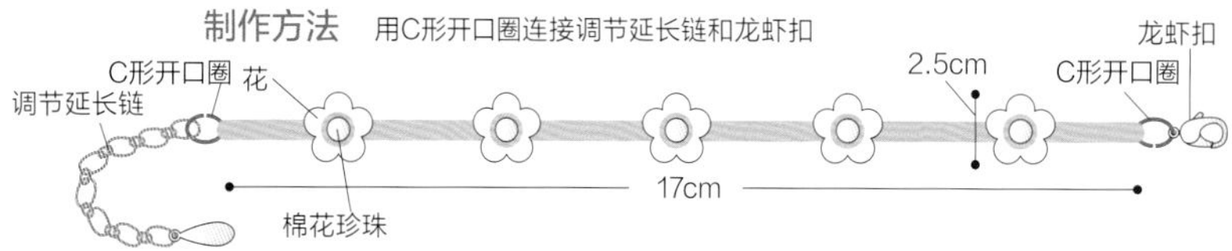

配色表

		A	B
底基		红色	黑色
花朵	第1行	红色	黑色
	第2行	红色	米色

混搭水果胸针 图片 >> p.9

＊准备的材料

线材均为HAMANAKA（和麻纳卡）

COTTON NOTTOC／绿色（6）…4g、红色（14）…3g、橙色（11）、黄色（12）、白色（16）…各2g、黄绿色（18）…1g、APRICO／紫色（8）…2g、胸针（25mm 银色）…1个

＊针　钩针4/0号

＊完成尺寸　参考图片

＊制作方法

如图所示分别钩织水果部件。钩织底座，缝合水果，在反面缝合胸针。

制作方法

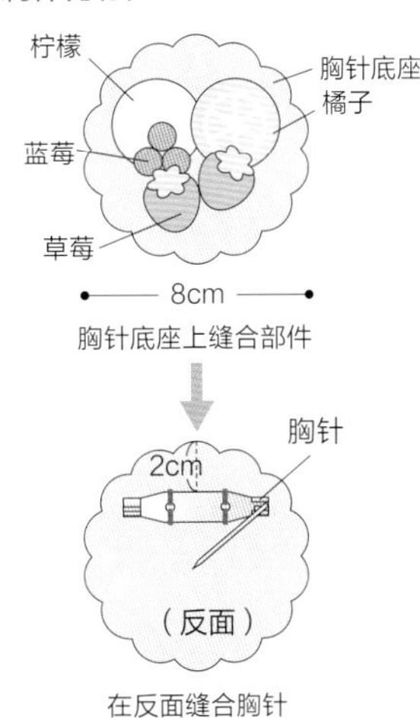

配色表

		配色
胸针底座		绿色
橘子	第1、4圈	白色
	第2、3、5圈	橙色
柠檬	第1、4圈	白色
	第2、3、5圈	黄色
草莓		红色
草莓的叶片		黄绿色
蓝莓		紫色

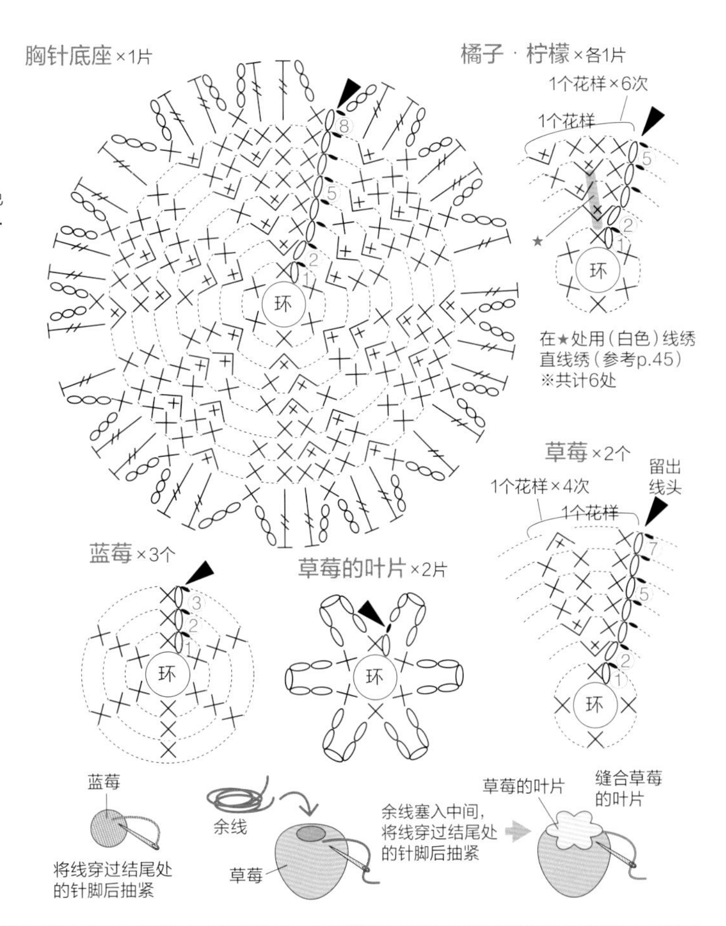

蓝莓

将线穿过结尾处的针脚后抽紧

余线

草莓

余线塞入中间，将线穿过结尾处的针脚后抽紧

草莓的叶片

缝合草莓的叶片

樱桃发夹 图片 >> p.9

＊准备的材料

线材均为HAMANAKA（和麻纳卡）COTTON NOTTOC

A（黄色）：黄色（12）…6g、黄绿色（18）…2g

B（红色）：红色（14）…6g、黄绿色（18）…2g

发夹金属配件（45mm 银色）…各1个

＊针　钩针4/0号

＊完成尺寸　参考图片

＊制作方法

分别钩织果实、叶片、茎。果实中间塞入余线抽紧。在茎的两端缝合果实，正中缝合叶片。叶片的反面缝合金属配件。

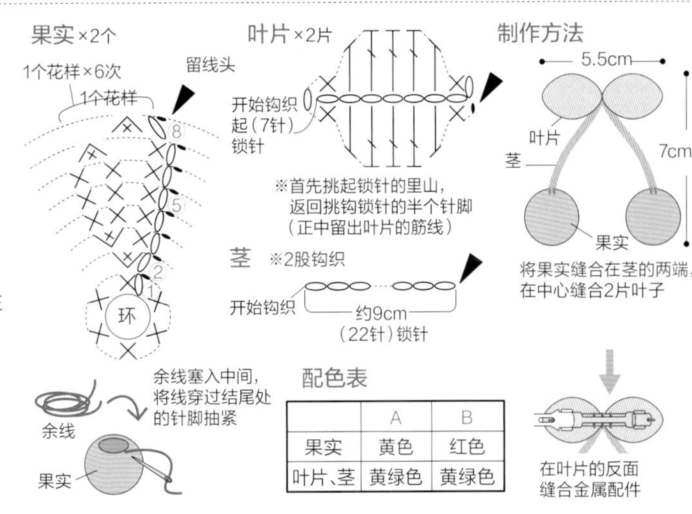

配色表

	A	B
果实	黄色	红色
叶片、茎	黄绿色	黄绿色

西瓜发绳 图片 >> p.9

＊准备的材料

线材均为 HAMANAKA（和麻纳卡）COTTON NOTTOC

A（三角形）：红色（14）…2g、浅绿色（13）、绿色（6）…各 1g、小圆珠／黑色…7 颗

B（半圆形）：红色（14）…3g、浅绿色（13）、绿色（6）…各 1g、小圆珠／黑色…9 颗

发绳／黑色…各 1 个

＊针　钩针 4/0 号

＊完成尺寸　参考图片

＊制作方法

边换色边钩织主体。A 需在最后一行进行半个针脚的卷缝。B 需将起立针部分对折至反面并卷针缝合。订缝充当西瓜子的珠子，反面缝合发绳。

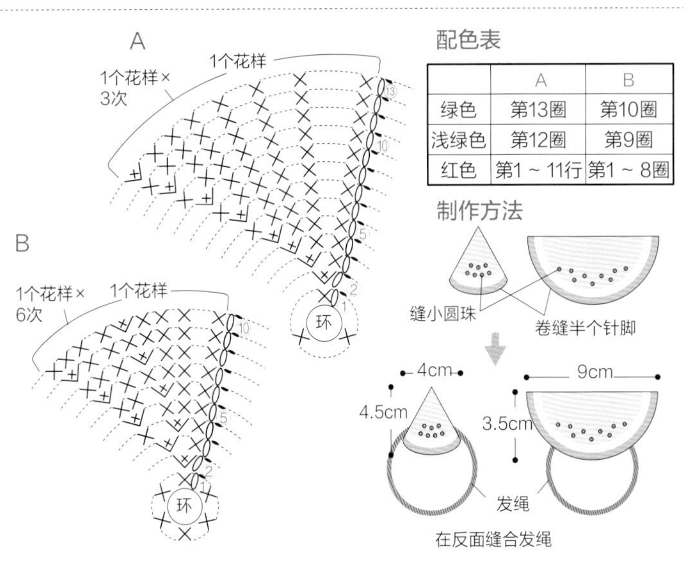

配色表

	A	B
绿色	第13圈	第10圈
浅绿色	第12圈	第9圈
红色	第1～11行	第1～8圈

藏蓝和金色的饰品 图片 >> p.10

＊准备的材料

线均为OLYMPUS（奥林巴斯）25号刺绣线

耳钩：藏蓝色（335）…2支、TOHO 特小米珠 / 金色（557）…480颗、包边珠宝 / 薄荷绿蛋白石…1颗、胸针（25mm古铜色）…1个

耳环：藏蓝色（335）…少许、TOHO 特小米珠 / 金色（557）…70颗、圆形开口圈（3mm 金色）…4个、耳环金属配件（带珠、金色）…1对

＊针　蕾丝钩针4号、钩针3/0号

＊完成尺寸　参考图片

＊制作方法

2股线上穿米珠。钩织底座，将钩入米珠后的锁针部件钩织在底座上，在反面缝合胸针，正面缝合包边珠宝。耳环如图所示各钩1根钩入米珠的锁针部件，固定在耳环的金属配件上。

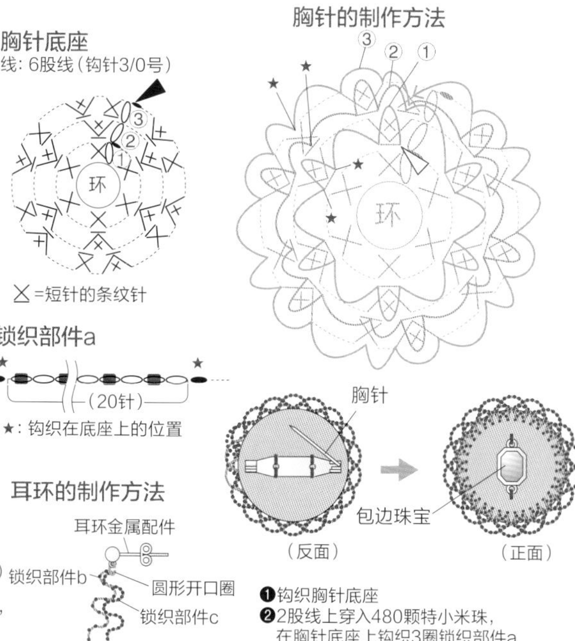

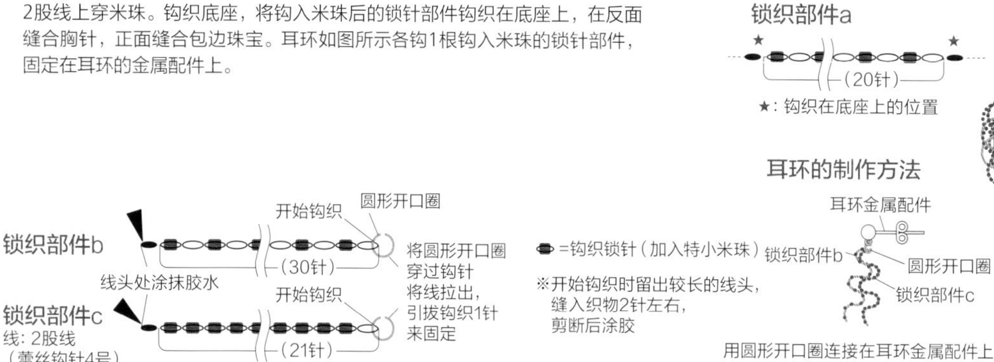

简洁的条纹款发圈 图片 >> p.10

＊准备的材料

线均为OLYMPUS（奥林巴斯）25号刺绣线

A（蓝色系）：蓝色（368）…3支、绿色（2065）…1支、TOHO小圆珠 / 金色（PF557）…285颗、发绳…24cm

B（灰色系）：淡灰色（483）…3支、白色（100）…1支、TOHO小圆珠 / 银色（PF558）…285颗、发绳…24cm

＊针　钩针3/0号

＊完成尺寸　参考图片

＊制作方法

用6股线钩织。A在蓝色、B在亮灰色线上穿珠（参考p.29的串珠方法）。锁针环形起针，钩织短针（反面作为正面钩织成筒状）。在蓝色（B是亮灰色）处钩入珠子。织物中穿入发圈缝合固定，将织物做成环状，将开始钩织处与结束钩织处卷缝在一起。

配色表
※1个花样（8行）的配色

	A	B
第2~4圈，第6~8圈	蓝色	亮灰色
第1圈，第5圈	绿色	白色

发绳的制作方法

发绳

穿过发绳

23cm

将发绳的顶端缝合起来

将主体的顶端用余线卷缝

8cm

主体

留20cm的线头

1个花样

=钩短针（加入小圆米珠）

开始钩织起（12针）锁针

小鸟耳环 图片 >> p.11

＊准备的材料

线均为OLYMPUS（奥林巴斯）25号刺绣线

A（蓝色系）：蓝色（3715A）…0.5支、Shiny Reflector Lame金属刺绣线 / 金色（S107）…少许、圆形开口圈(2mm金色）…2个、圆圈耳环配件（25mm金色）…1对

B（米色系）：米黄色（520）…0.5支、Shiny Reflector Lame金属刺绣线 / 金色（S107）…少许、圆形开口圈（2mm 金色）…2个、圆圈耳环配件（25mm金色）…1对

＊针　钩针3/0号

＊完成尺寸　参考图片

＊制作方法

用6股线钩织小鸟花片，用2股线刺绣眼睛和图案。圆形开口圈装在耳环金属配件上。制作两个相同部件。

配色表

	A	B
小鸟	蓝色	米黄色
刺绣线	金色	金色

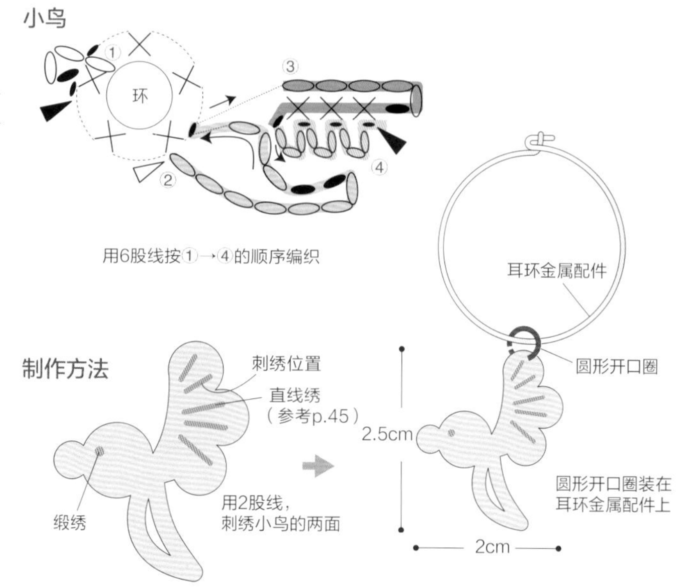

绚丽多彩的猫咪胸针　图片 >> p.11

＊准备的材料

线均为OLYMPUS（奥林巴斯）

A（蓝色）：25号刺绣线／蓝色（367）…2支、Shiny Reflector Lame金属刺绣线／金色（S107）…少许、胸针配件（25mm 古铜色）…1个

B（粉色系）：25号刺绣线／深粉色（156）…2支、黄色（543）…1.5支、蓝色（367）…少许、胸针配件（25mm 古铜色）…1个

＊针　钩针3/0号

＊完成尺寸　参考图片

＊制作方法

用6股线钩织2片猫咪花片，A用1股线，B用2股线，在其中一片上刺绣出猫咪表情。将2片拼缝，胸针缝合在反面。

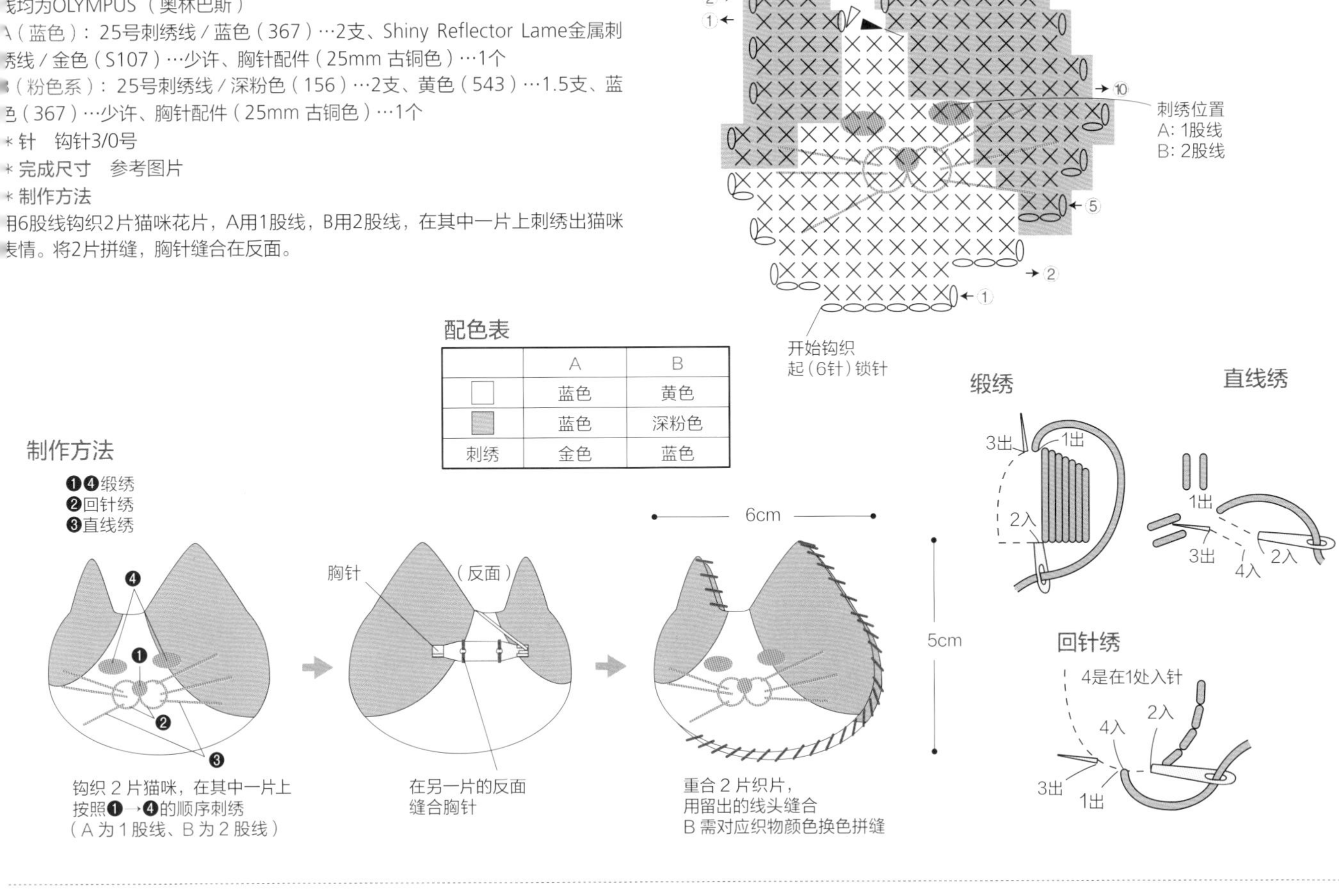

配色表

	A	B
□	蓝色	黄色
■	蓝色	深粉色
刺绣	金色	蓝色

字母挂件　图片 >> p.10

＊准备的材料

OLYMPUS（奥井巴斯）25号刺绣线／绿色（2065）、淡蓝色（221）、粉色（1046）、黄绿色（2020）…各1.5m、TOHO小圆珠／黄绿色（105）…76颗、粉色（906）、极光色（173）…各28颗、圆形开口圈（3mm 金色）…1个、22英寸链条（金色）…1根　串珠针

＊针　钩针3/0号

＊完成尺寸　参考图片

＊制作方法

用6股线钩织各部件，缝合后制作成字母的形状。用1股刺绣线穿珠，订缝在字母的两面。缝合连接字母，用圆形开口圈穿上链条。

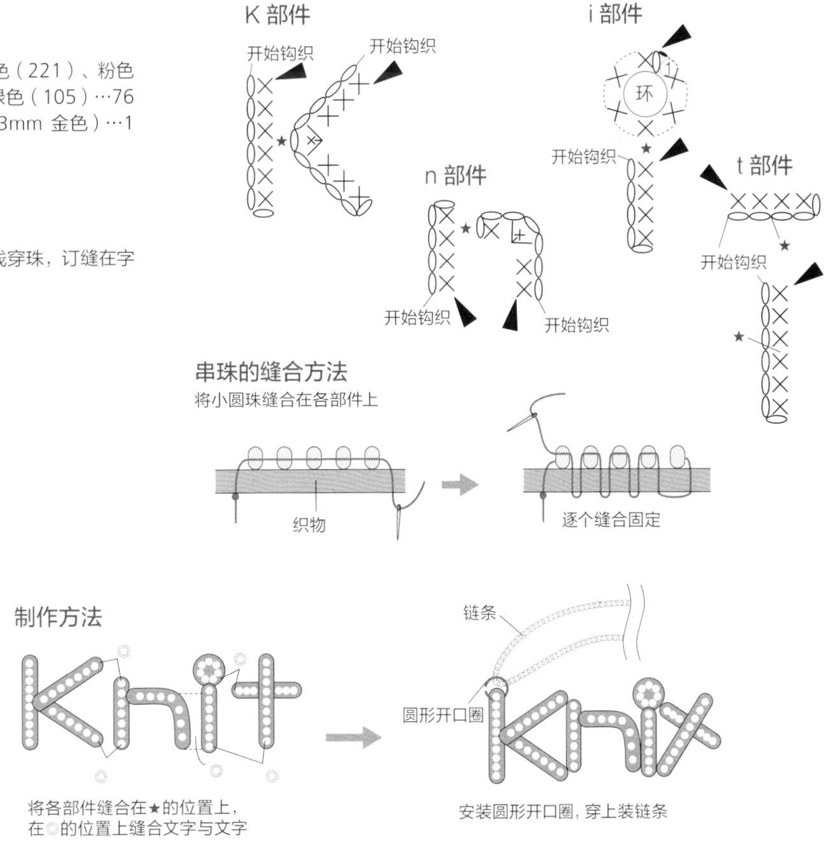

配色表

	K	n	i	t
线	绿色	淡蓝色	粉色	黄绿色
小圆珠	黄绿色	极光色	粉色	黄绿色

缀满叶片的饰品 图片 >> p.12

＊准备的材料

线均为OLYMPUS（奥林巴斯）Emmy Grande

A（项链）：橄榄色（288）…2g、绿色（238）…1g、HERBS / 米色（732）…2g、深棕色（777）、浅咖啡色（814）…各1g

B（手链米色系）：橄榄色（288）…1g、HERBS / 浅咖啡色（814）、开心果色（273）、浅驼色（752）、米色（732）…各1g、Colors / 蓝灰色（316）…1g、圆形开口圈（4mm 古铜色）…4个、圆形开口圈（8mm 古铜色）…2个、龙虾扣延长链套件（古铜色）…1对

C（手链绿色系）：橄榄色（288）…2g、绿色（238）…1g、HERBS / 浅咖啡色（814）、深棕色（777）、米色（732）…各1g、圆形开口圈（4mm 古铜色）…4个、圆形开口圈（8mm 古铜色）…2个、龙虾扣延长链套件（古铜色）…1对

＊针　蕾丝钩针0号

＊完成尺寸　参考图片

＊制作方法

A参考图解钩织、缝合各花片。B、C参考图解钩织各花片，穿上圆形开口圈并安装金属配件。

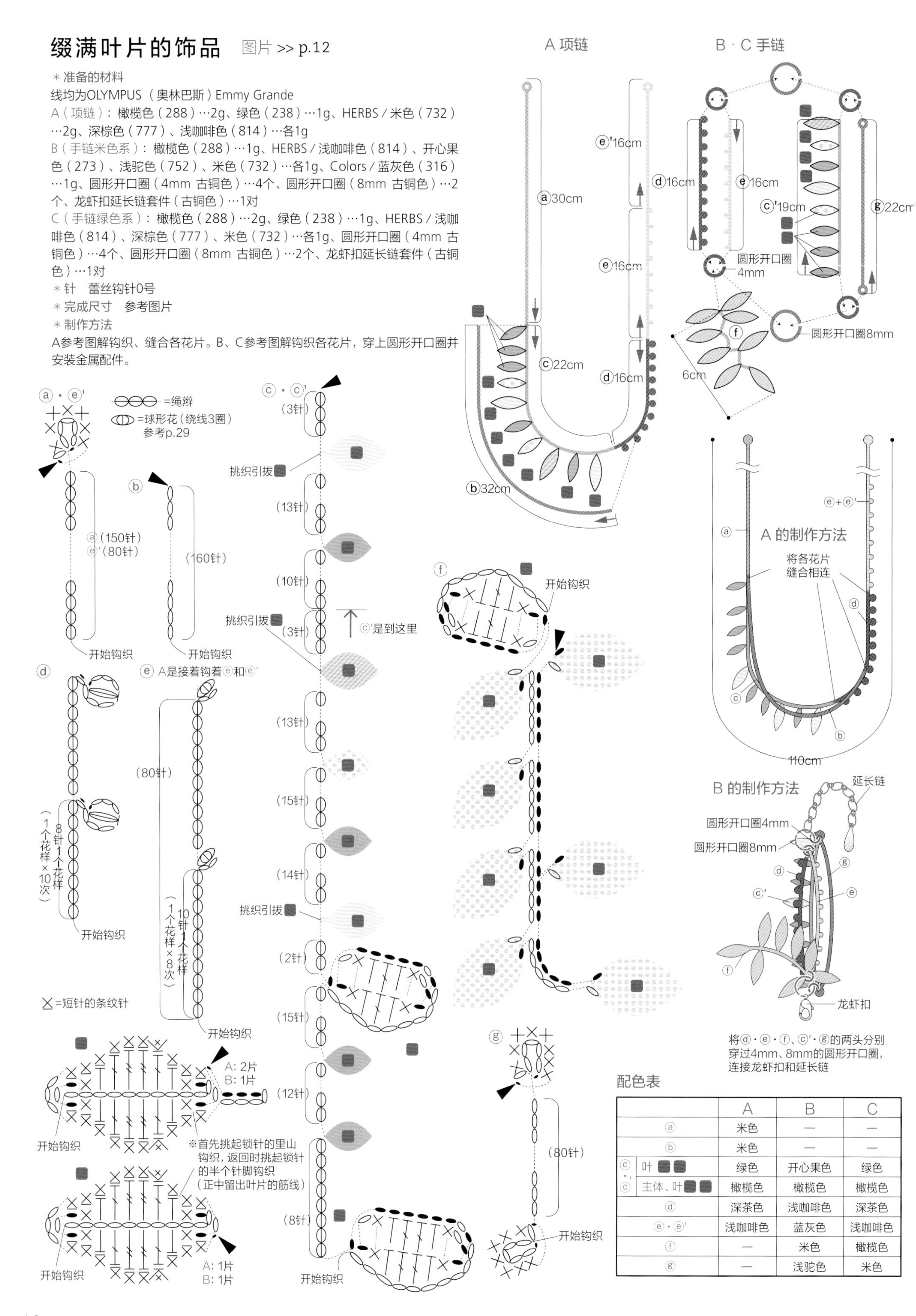

配色表

		A	B	C
ⓐ		米色	—	—
ⓑ		米色	—	—
ⓒ・ⓒ'	叶	绿色	开心果色	绿色
	主体、叶	橄榄色	橄榄色	橄榄色
ⓓ		深茶色	浅咖啡色	深茶色
ⓔ・ⓔ'		浅咖啡色	蓝灰色	浅咖啡色
ⓕ		—	米色	橄榄色
ⓖ		—	浅驼色	米色

摇曳摆动的耳环 图片 >> p.13

＊准备的材料

线均为OLYMPUS（奥林巴斯）Emmy Grande

A（米色系）：浅绿色（251）、淡粉色（162）…各2g、HERBS／米色（732）…2g、圆形开口圈（4mm、3mm 银色）…各2个、耳环金属配件（银色）…1对

B（灰色系）：淡粉色（162）…2g、HERBS／灰绿色（252）…2g、Colors／灰色（484）…2g、圆形开口圈（4mm、3mm 银色）…各2个、耳环金属配件（银色）…1对

＊针　蕾丝钩针4号

＊完成尺寸　参考图片

＊制作方法

绳辫留出30cm的线头，靠线团一侧钩5针锁针作环。接着按绳辫→钩织锁针→钩织花样返回绳辫这样的顺序重复钩织，最后像开始一样再钩一个环。两侧任意一头挂在圆形开口圈上，安装耳环金属配件。

配色表

	A		B	
	右	左	右	左
□	米色	米色	灰色	灰色
▒	浅绿色	淡粉色	淡粉色	灰绿色
■	淡粉色	浅绿色	灰绿色	淡粉色

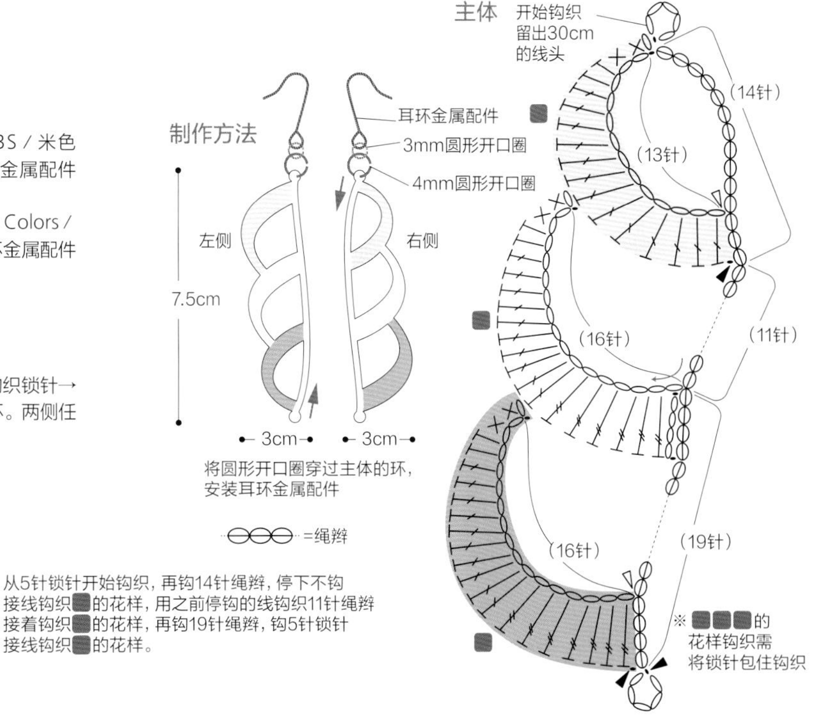

水滴花片发圈 图片 >> p.13

＊准备的材料

线均为OLYMPUS

A：Emmy Grande／淡粉色（162）…6g、Emmy Grande HERBS／浅咖啡色（814）…4g、深棕色（777）…2g、Shiny Reflector Lame 金属刺绣线／金色（S106）…1支、发绳…1个

B：Emmy Grande／浅绿色（251）…4g、Emmy Grande HERBS／浅咖啡色（814）…4g、深棕色（777）…2g、Shiny Reflector Lame 金属刺绣线／银色（S105）…1支、发绳…1个

＊针　钩针2/0号

＊完成尺寸　参考图片

＊制作方法

边钩发圈边钩花样。A在最后缝合装饰。

配色表

	A	B	
□▒	淡粉色 浅咖啡色	浅绿色 浅咖啡色	2种颜色的线各1股
■	金色	银色	
░	深茶色	深茶色	2股线
装饰	淡粉色	—	1股线

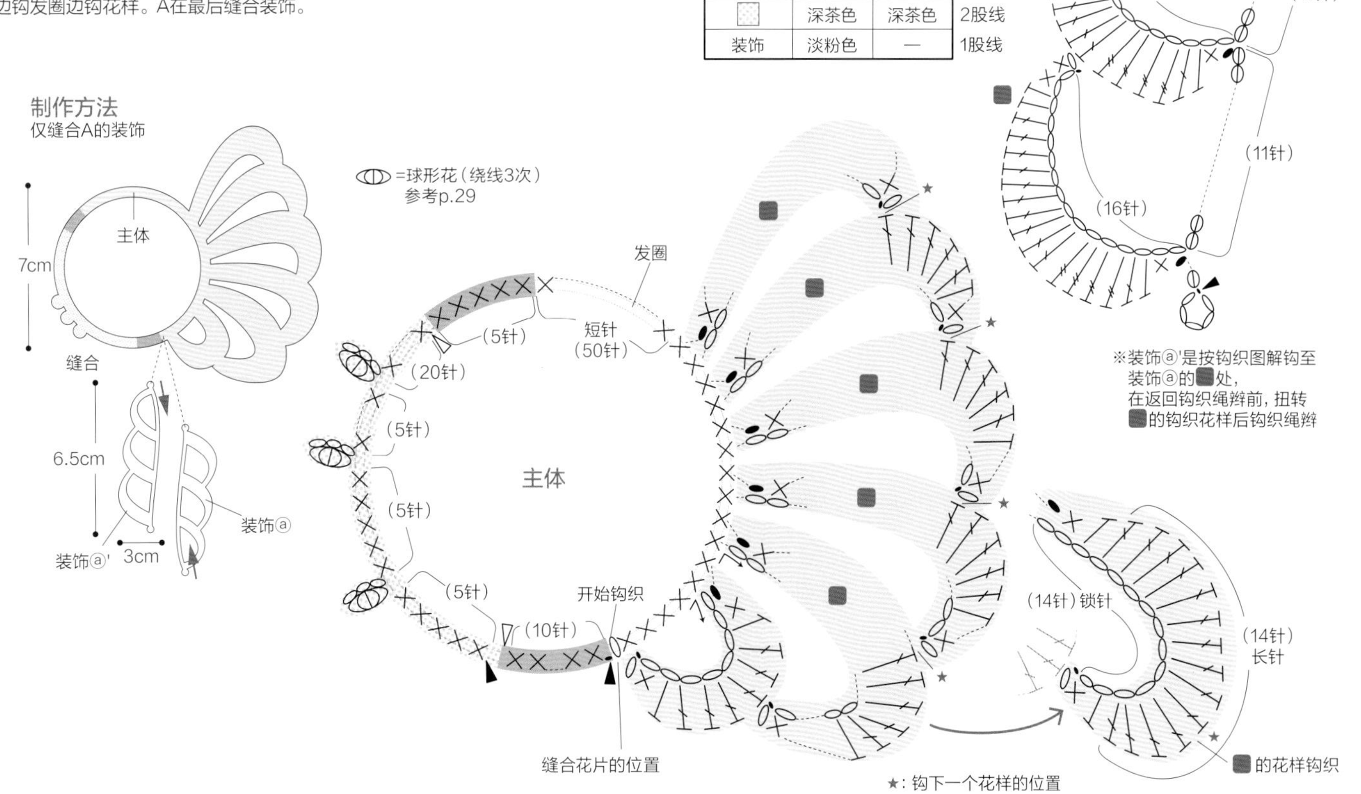

胀鼓鼓的花朵胸针 图片 >> p.14

＊准备的材料
HAMANAKA（和麻纳卡） Wash Cotton / 米色（2）、黑色（13）…各15g、胸针（30mm 古铜色）…各1个
＊针 钩针4/0号
＊完成尺寸 参考图片
＊制作方法
钩织1片底座。钩织10片花瓣，归集在一起缝合底部。用底座盖住底部，卷缝四周后缝合胸针。

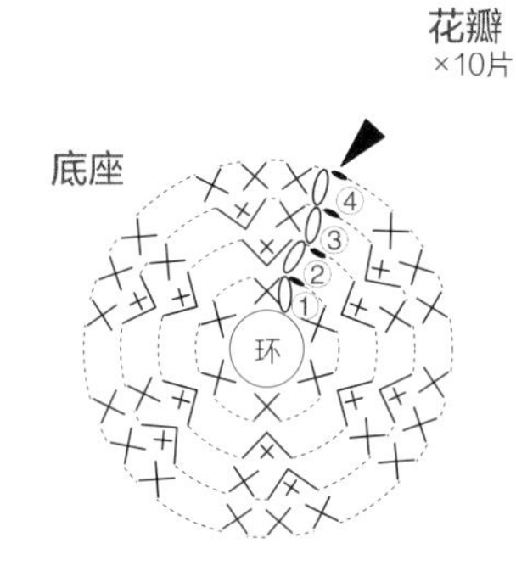

花瓣
×10片

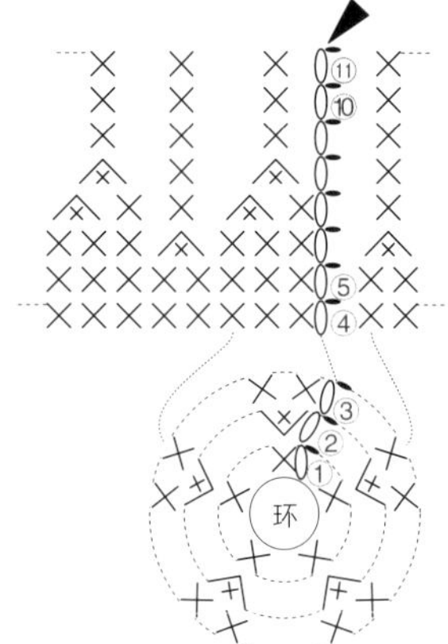

制作方法

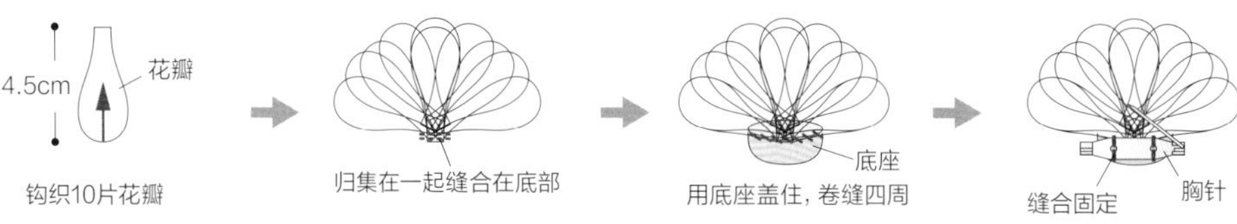

手鞠风发圈 图片 >> p.14

＊准备的材料
线均为HAMANAKA（和麻纳卡）Flax K
A（藏蓝色3个）：藏蓝色（17）…4g、芥末色（205）…1g
B（红色2个·藏蓝色1个）：红色（203）…4g、藏蓝色（17）…3g
C（各色1个）：藏蓝色（17）、红色（203）、芥末色（205）…各2g
发绳 / 黑色…各1个
＊针 钩针4/0号
＊完成尺寸 参考图片
＊制作方法
在铅笔上绕线40圈，圈起钩14针短针（编织方法参考p.29）。刺绣后，将3个球相连缝合在发圈上。

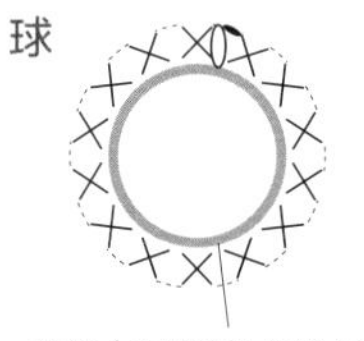

芯线（在铅笔上绕线40次）

配色表

		A	B	C
■	底基	藏蓝色	红色	红色
	刺绣	—	藏蓝色	—
■	底基	藏蓝色	藏蓝色	藏蓝色
	刺绣	芥末色	红色	红色
■	底基	藏蓝色	红色	芥末色
	刺绣	—	藏蓝色	藏蓝色

刺绣制作

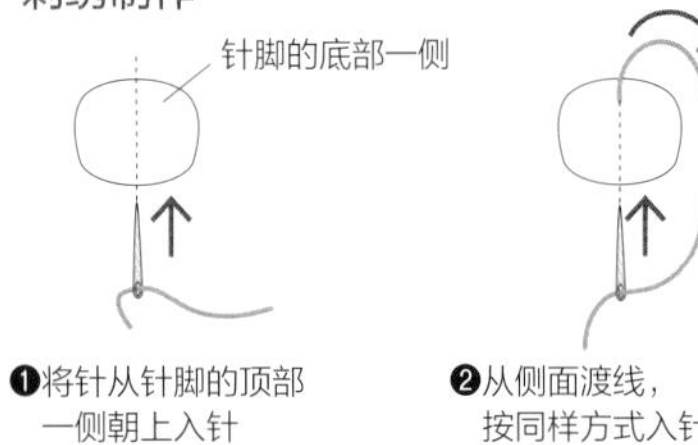

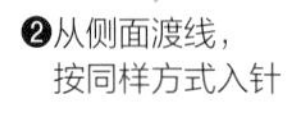

❶将针从针脚的顶部一侧朝上入针

❷从侧面渡线，按同样方式入针

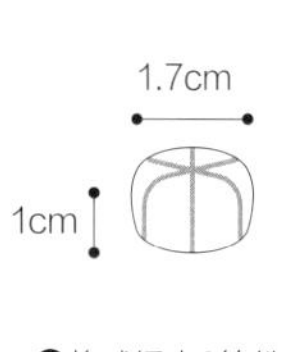

❸将球绣出8等份

制作方法

参考配色表
钩织3个球的底基

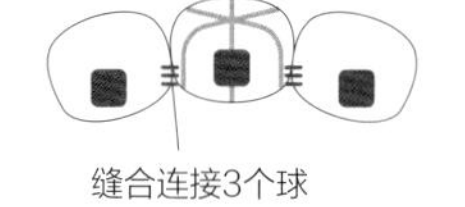

缝合连接3个球

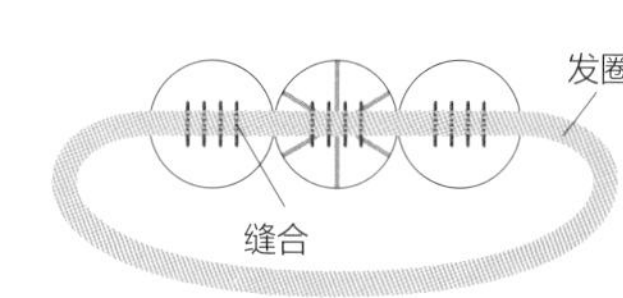

白花项链 图片 >> p.15

＊准备的材料
Atelier K'sk CAPPELLINI / 白色（911）…20g、浅驼色（49）…15g
＊针 钩针3/0号
＊完成尺寸 参考图片
＊制作方法
钩织16片花片。边钩绳边钩叶片，像三明治一样用2片花片夹住花辫缝合起来。

花片的挑针方法

第2行：引拔针是挑第1行短针的前半针钩织
第3行：短针1针分2针是挑第1行短针的后半针钩织
第4行：引拔针是挑第3行短针的前半针钩织
第5行：引拔针是挑第3行短针的后半针钩织

花片 ×16片
线：白色

环

花辫
线：浅驼色

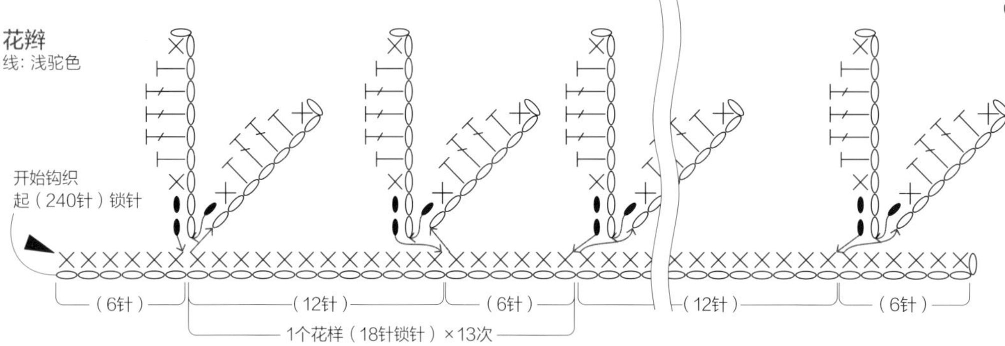

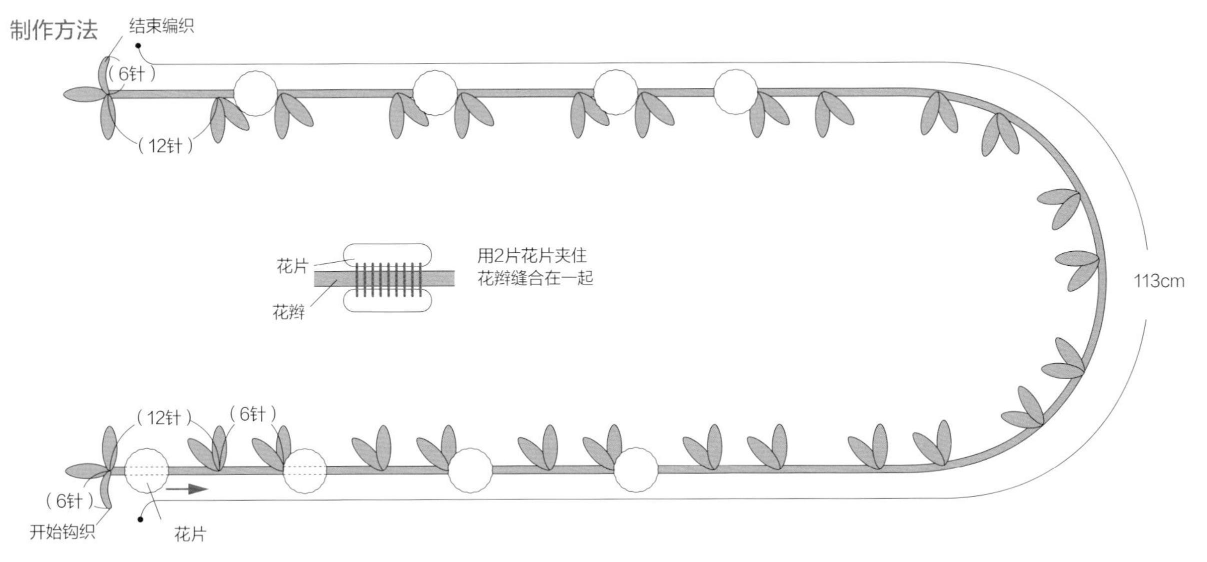

红色花朵的手链 图片 >> p.15

＊准备的材料

Atelier K'sk CAPPELLINI / 红色（950）、浅驼色（49）…各5g、青绿色（970）…3g

＊针 钩针2/0号

＊完成尺寸 参考图片

＊制作方法

分别钩织指定数量的花片和线球。钩织缝合花片c、d。在花辫上缝合花朵，在顶端缝合线球。

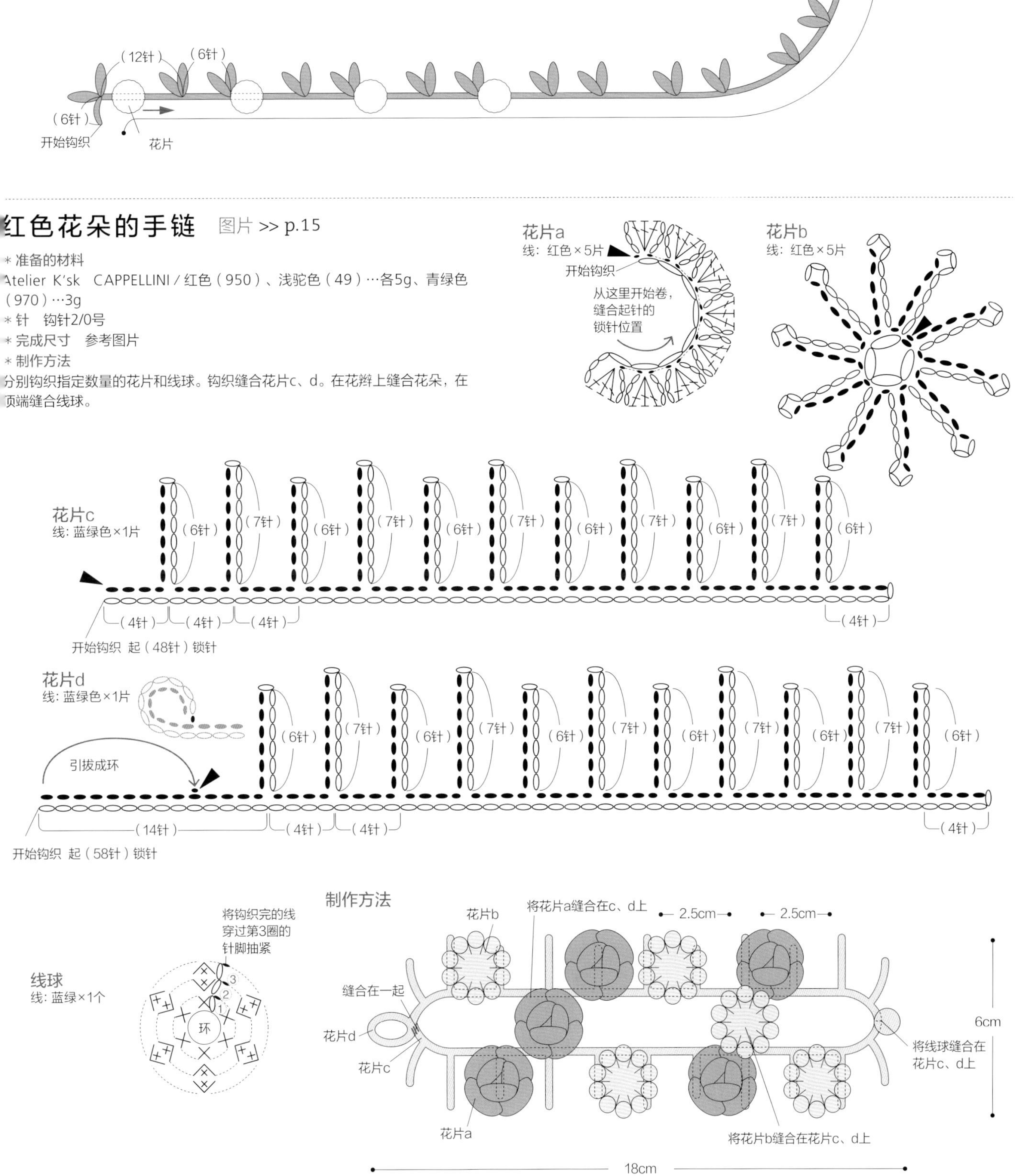

古典款网眼包 图片 >> p.20

＊准备的材料

A（浅驼色）：HAMANAKA（和麻纳卡）Wash Cotton／浅驼色（3）…80g

B（浅绿色）：HAMANAKA（和麻纳卡）Wash Cotton／浅绿色（37）…40g

＊针　钩针4/0号

＊完成尺寸

A：直径约13cm×高度17.5cm

B：直径约9.5cm×高度11.5cm

＊制作方法

1 钩织底部（A是17圈、B是12圈）。

2 从底部挑针脚钩织侧面花样（A是22圈、B是14圈），接着钩织边缘。

3 钩织花片和绳子，将绳子穿过侧面的指定位置，然后将顶端卷缝在花片的反面。钩织穿入2根绳。

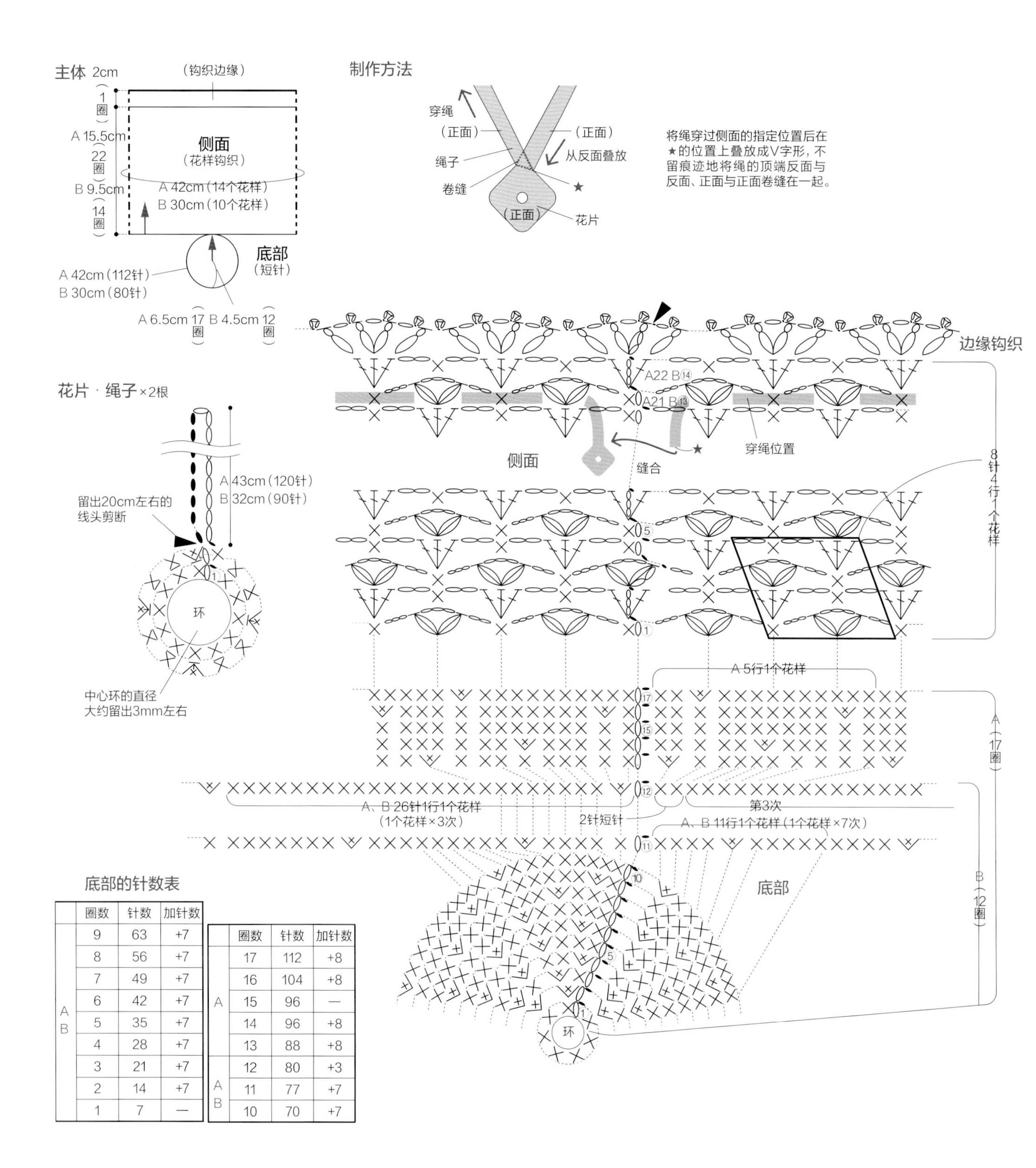

底部的针数表

	圈数	针数	加针数
A B	9	63	+7
	8	56	+7
	7	49	+7
	6	42	+7
	5	35	+7
	4	28	+7
	3	21	+7
	2	14	+7
	1	7	—

	圈数	针数	加针数
A	17	112	+8
	16	104	+8
	15	96	—
	14	96	+8
	13	88	+8
A B	12	80	+3
	11	77	+7
	10	70	+7

花朵收纳袋 图片 >> p.21

＊准备的材料

A（茶系）：OLYMPUS Emmy Grande／茶色（H22）…45g、浅茶色（4）…1g、米白色（H2）…7g、浅绿色（H7）…6g

B（浅紫系）：HAMANAKA（和麻纳卡）APRICO／浅紫色（11）…30g、薰衣草色（10）…7g、粉色（7）、丁香色（9）…各5g、手工填充棉…少许

＊针 钩针3/0号

＊完成尺寸

A：宽度19cm×高度22cm

B：宽度17cm×高度19cm

＊制作方法

1 将 6 个花片相连成环。

2 从花片挑针钩织包底，剩下的针脚卷缝拼接。

3 在花片的上方以网眼钩织的方法圈钩织侧面和边缘。

4 将钩织好的 2 根绳子穿过主体，两端缝合装饰。

配色表

		A	B
包底、侧面、绳		茶色	浅紫色
花样	6行	浅茶色	薰衣草色
	5行	茶色	浅紫色
	4行	浅绿色	丁香色
	3行	浅绿色	丁香色
	2行	米白色	粉色
	1行	浅绿色	丁香色

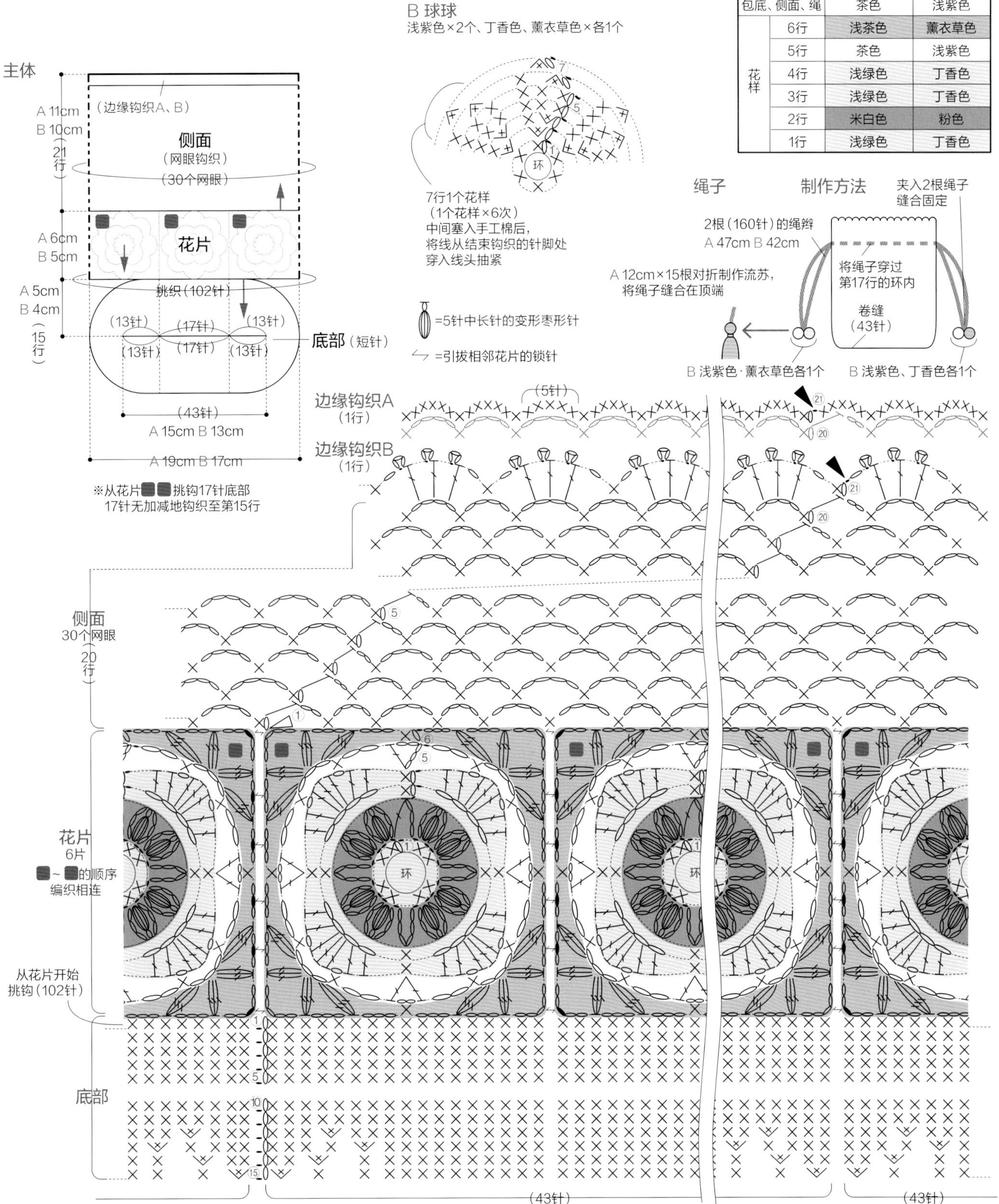

绚丽多彩的条纹口金包 图片 >> p.22

＊准备的材料

线均为HAMANAKA（和麻纳卡）COTTON NOTTO

A（藏蓝色×白色）：蓝色（4）…20g、白色（16）…5g、HOBBYRA HOBBYRE 糖果头口金12cm（TG-OT MK20-BWH）…1个

B（多彩）：红色（14）…13g、橙色（11）…6g、黄色（12）…5g、黄绿色（18）、粉色（2）…各4g、HOBBYRA HOBBYRE 糖果头口金12cm（TG-OT MK20-YOR）…1个

＊针　钩针4/0号

＊完成尺寸　宽度15cm×高度11.5cm（除口金）

＊制作方法

底部为环状往返钩织16圈。边换色边钩织主体（钩织过程中分别单面片钩）。缝合口金。

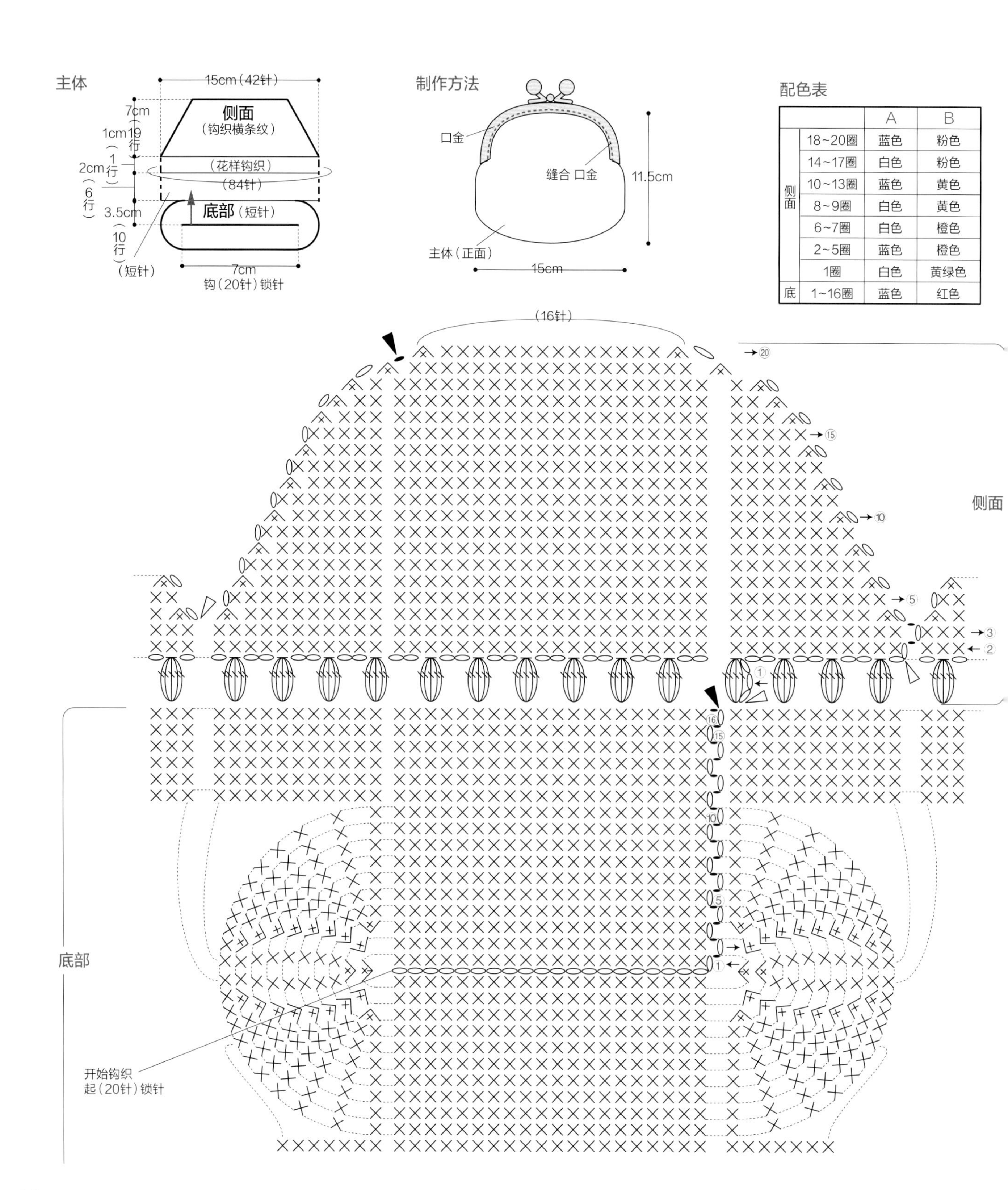

		A	B
侧面	18~20圈	蓝色	粉色
	14~17圈	白色	粉色
	10~13圈	蓝色	黄色
	8~9圈	白色	黄色
	6~7圈	白色	橙色
	2~5圈	蓝色	橙色
	1圈	白色	黄绿色
底	1~16圈	蓝色	红色

漂亮的花样钩织口金包 图片 >> p.23

＊准备的材料

HAMANAKA（和麻纳卡）Wash Cotton／红色（36）…15g、粉色（35）…10g、深红色（22）…8g、HAMANAKA（和麻纳卡）口金（G）H207-018-1…1个

＊针　钩针4/0号

＊完成尺寸　宽度14cm×高度8cm（不含口金）

＊制作方法

边换色边钩织花样完成包体。包钩口金。

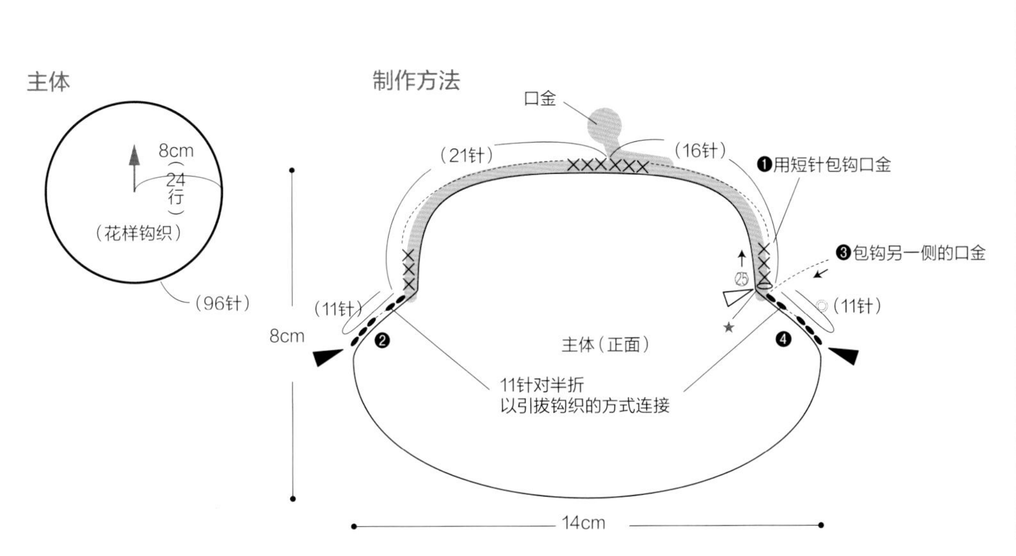

配色表

行数	配色
25行	红色
24行	红色
22~23行	粉色
21行	红色
20行	粉色
18~19行	红色
17行	粉色
16行	深红色
15行	赤
13~14行	深红色
12行	粉色
10~11行	红色
9行	粉色
8行	深红色
6~7行	粉色
5行	深红色
1~4行	红色

※10、18、22行是钩上上一行的针脚

=挑钩上一行针脚的前半针

=挑钩上上一行针脚留下的后半针

⊗=挑钩第3行前半针锁针的环后钩织短针

╳=挑钩第3行的2针前半针之间后钩织短针

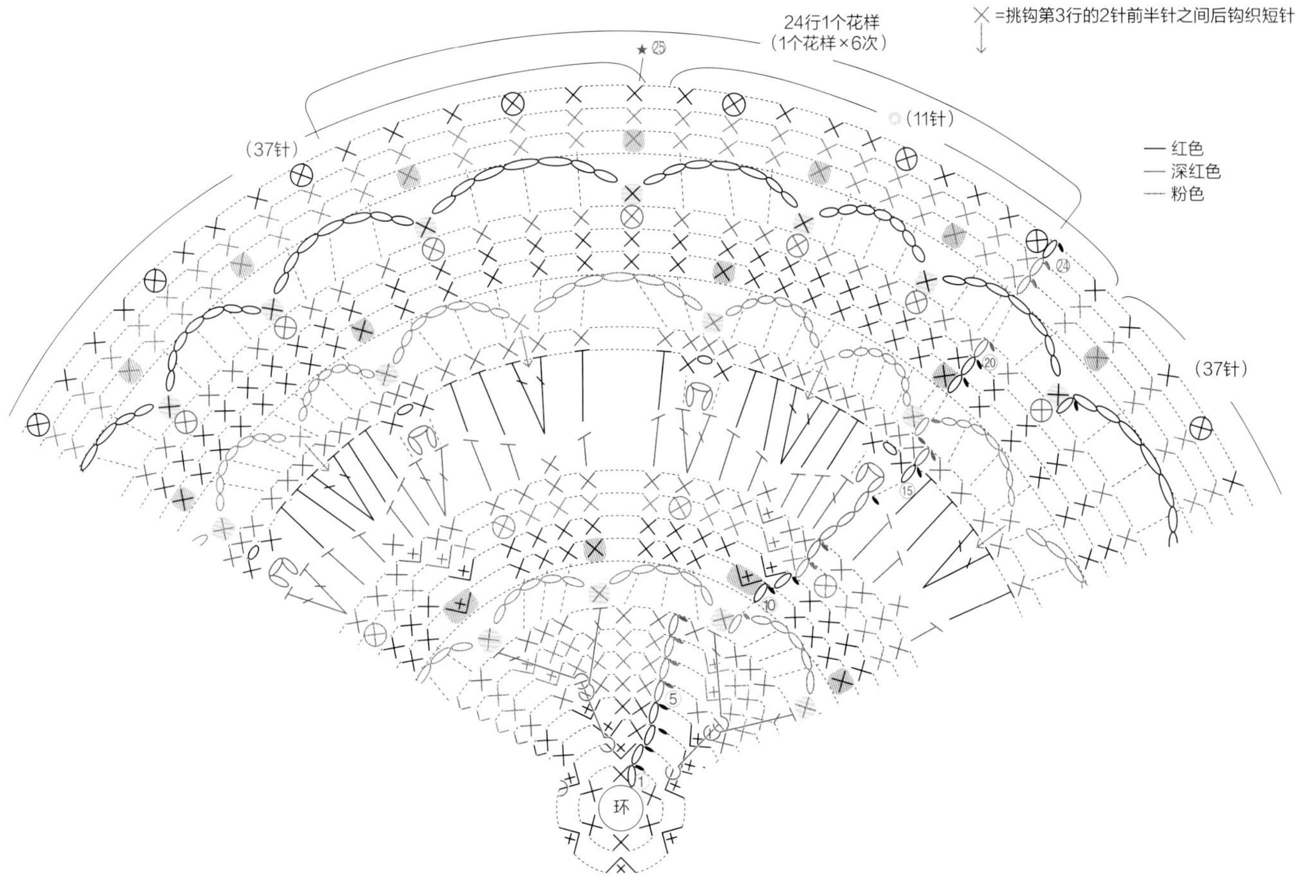

方形玫瑰花收纳袋 图片 >> p.24

＊准备的材料

线均为HAMANAKA（和麻纳卡）Flax C（Lame）

A（米白色）：米白色（501）…25g、拉链（10cm 金色）…1条

B（粉彩色）：鲑鱼粉（508）、淡灰色（510）、浅绿色（510）…各8g、拉链（10cm 银色）…1条

＊钩织密度（10cm×10cm） 短针29针×34行

＊针 钩针3/0号

＊完成尺寸 约宽度10cm×高度11cm

＊制作方法

各部件分别钩织2片，再分别按a～i的顺序卷缝固定。相同织物各钩织2片，2片卷缝相连。钩织边缘，安装拉链。

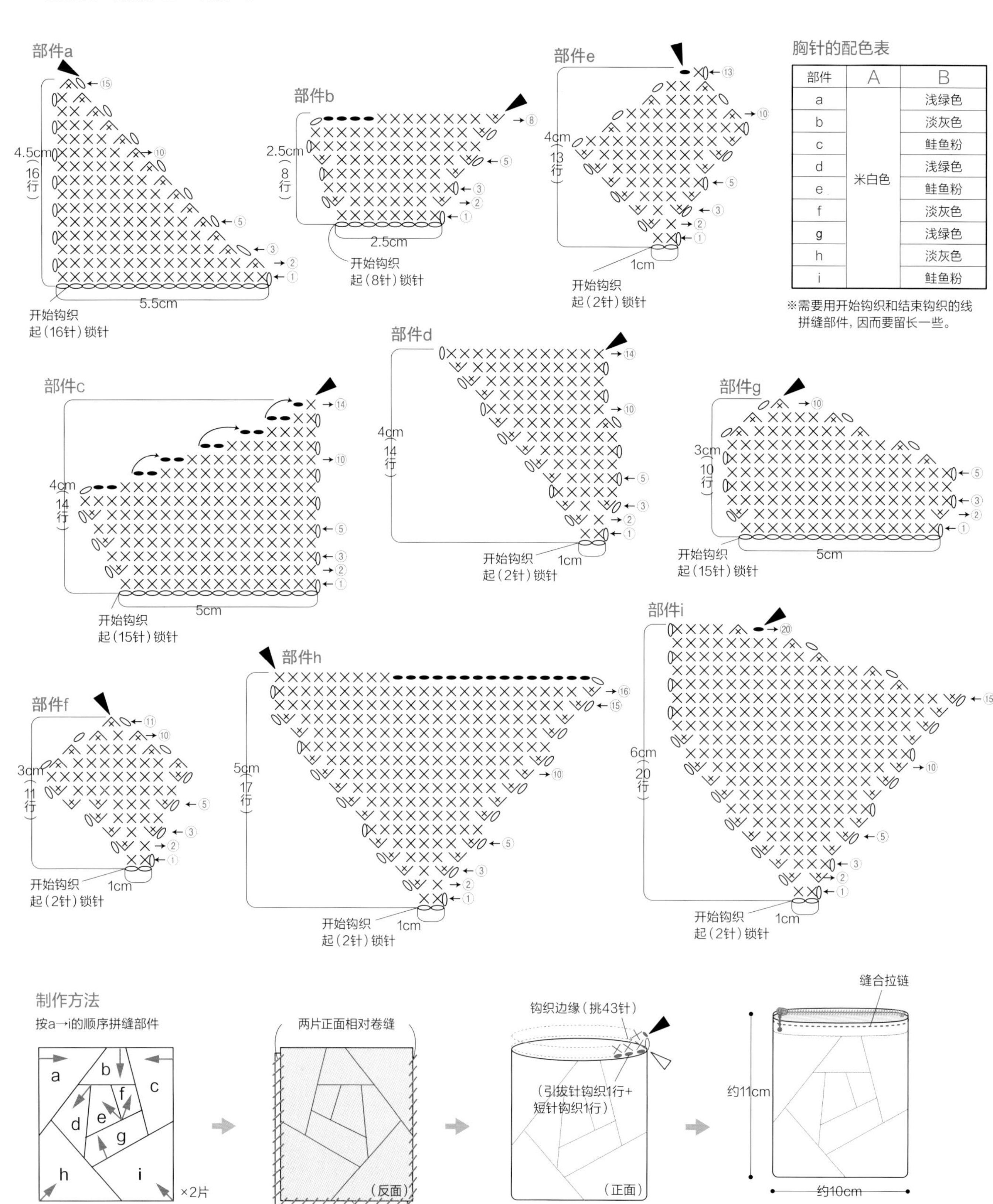

胸针的配色表

部件	A	B
a	米白色	浅绿色
b		淡灰色
c		鲑鱼粉
d		浅绿色
e		鲑鱼粉
f		淡灰色
g		浅绿色
h		淡灰色
i		鲑鱼粉

※需要用开始钩织和结束钩织的线拼缝部件，因而要留长一些。

梭编蕾丝
饰品和小物

梭编蕾丝的魅力在于它的纤细雅致。
想要作品形态更加丰富，就用小饰耳来点缀。
点缀的效果极为丰富，
请熟练掌握梭编漂亮饰耳的方法
使其魅力充分地发挥出来。

设计 & 制作＊北尾 蕾丝：Atelier K'sk

花片

梭编蕾丝的基础是“环”和“桥”。
点缀饰耳，梭编 1 片花片。单独使用或与其他花片相连都可以。
将小小的花片变身为漂亮的饰品，实在是件乐事。

挂坠

左：与花片 C 的颜色不同。
挂坠的质感轻盈、
点缀着长饰耳。

制作方法 >> p.75

耳环

右：将 2 片颜色不同的花片 A 制作成耳环，
优雅地晃动在耳根处。

制作方法 >> p.74

发夹

麻质底布的发夹上，
点缀着花片 E 和 F。
浅色搭配极其素雅。

制作方法 >> p.76

各式各样的花片

制作方法 >>A~D、G、H p.74、75 E、F p.76 I p.77

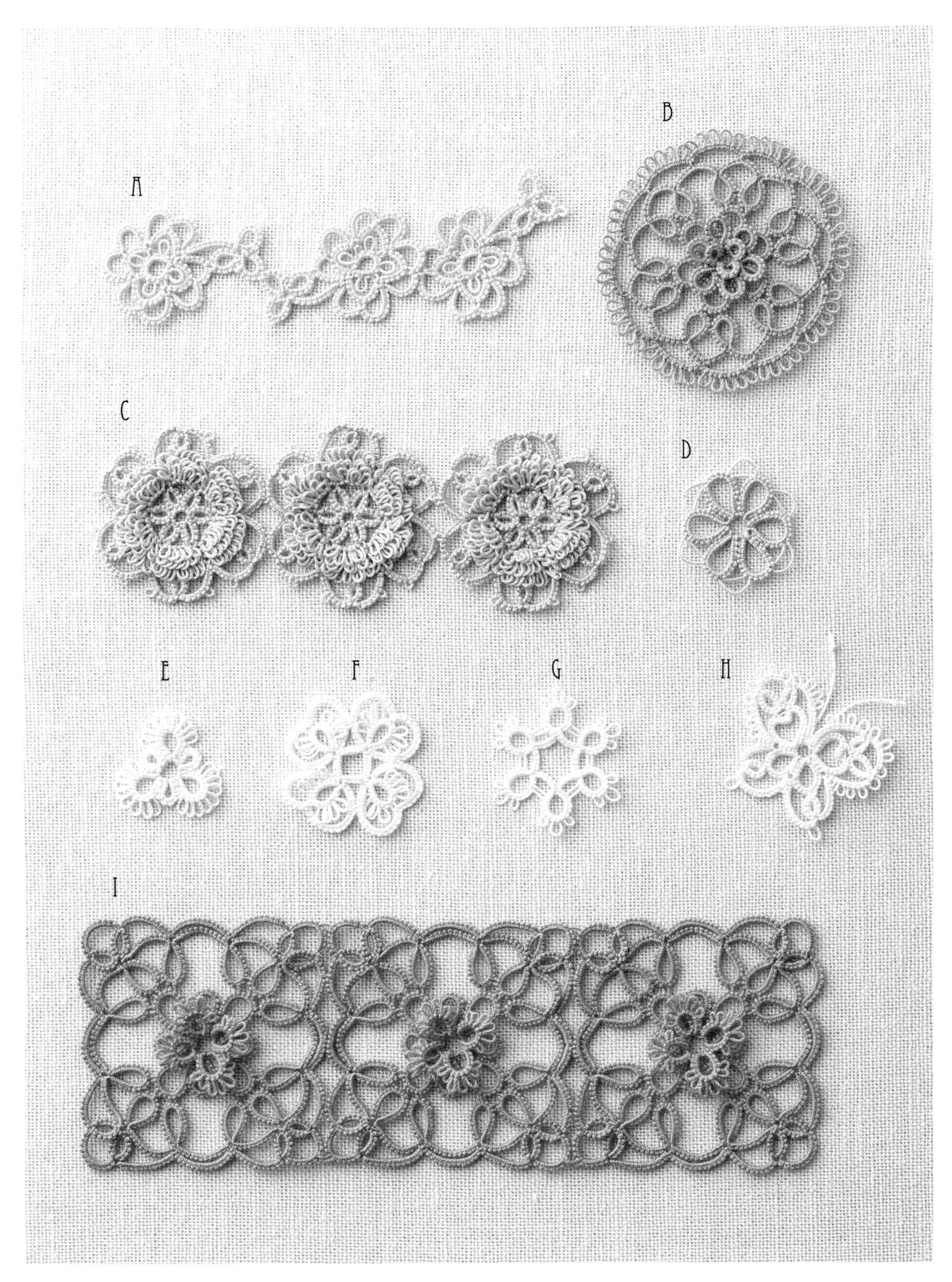

花辫

花辫的魅力在于梭编连续花样的同时，
还可自己的喜好调整长度。
或是缝在衬衫袖口上，或是制作成手链，
使用方法多种多样。

包包

花辫 L 被制作成环状的饰物，
点缀于小包上。
普通的小包瞬间变得很时尚。

制作方法 >> p.76、77

BLADE

手链

与花辫 M 的颜色不同，
两端用圆形开口圈将手镯用金属配件
连接起来即可。
夏日作为配饰使用，
定能大放异彩。

制作方法 >> p.78

各式各样的花辫

制作方法 >> J~L p.76、77 M、N p.78 O p.79

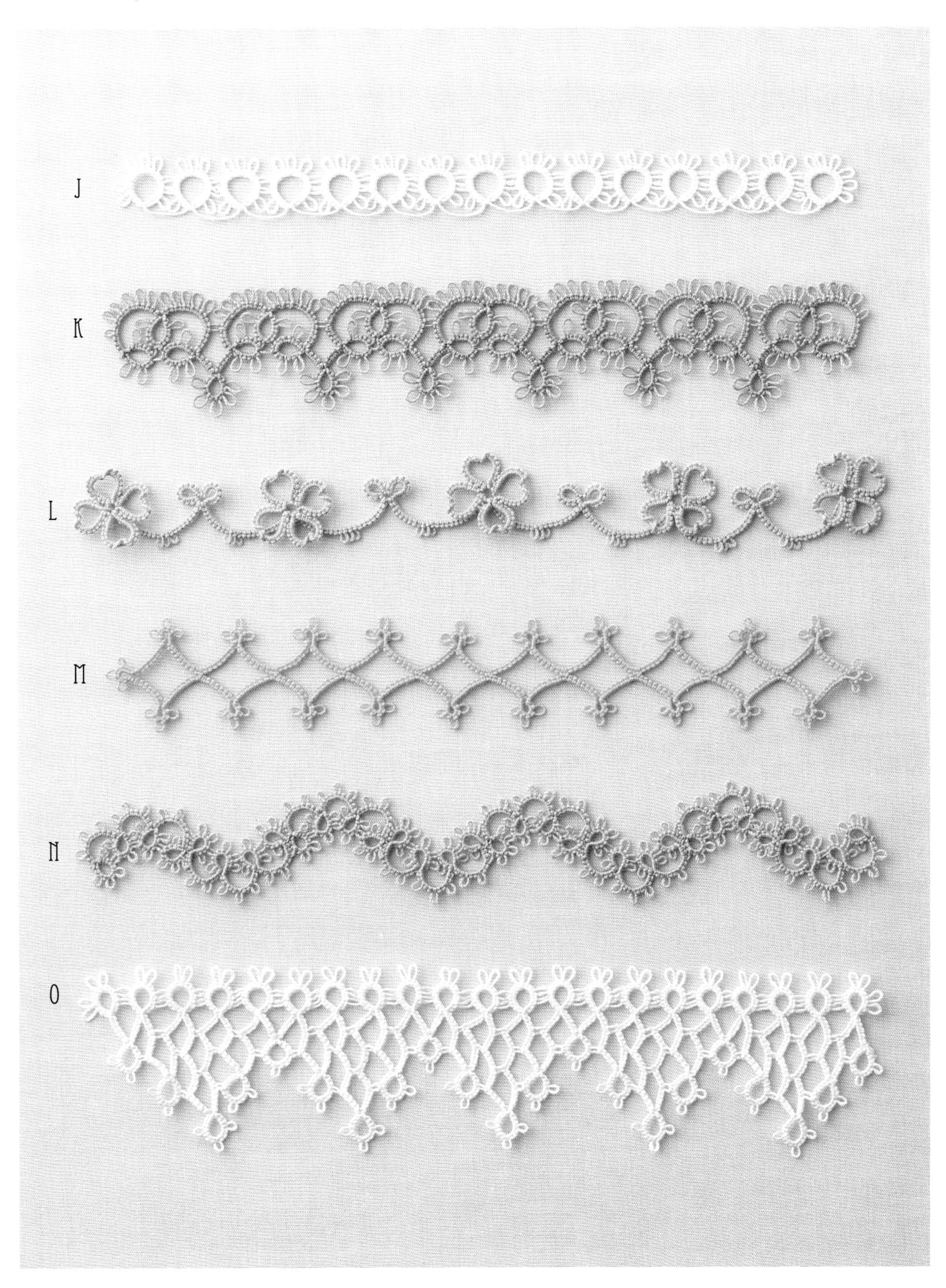

ARRANGEMENT

双色梭编

梭编会因线材颜色的不同组合，
而呈现出与单色完全不同的感觉。
试着来挑战各种变换吧。

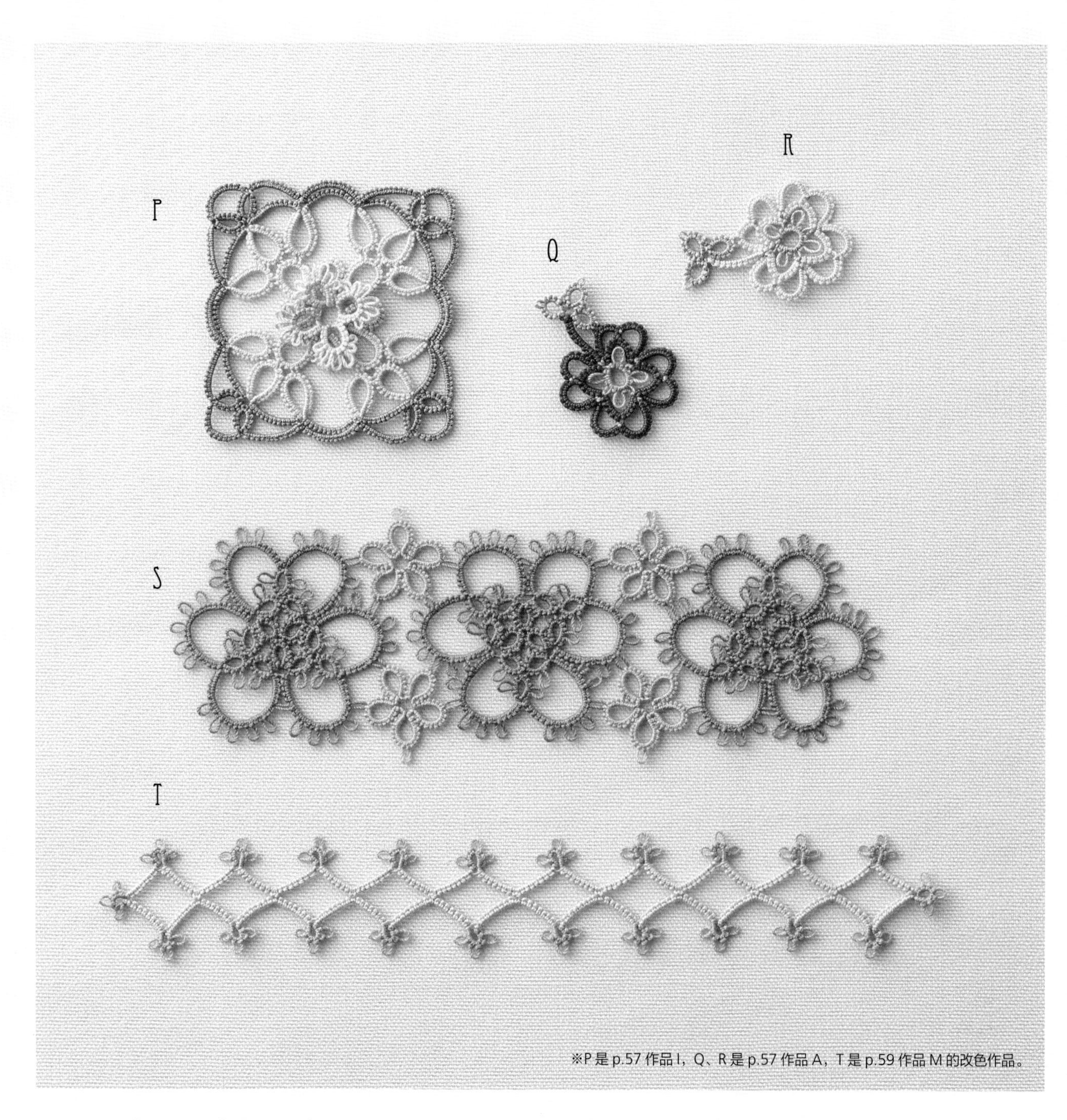

※P是p.57作品I，Q、R是p.57作品A，T是p.59作品M的改色作品。

制作方法 >> P p.76、77 Q、R p.74 S p.79 T p.78

BASIC LESSON

梭编图解的阅读方法

编结方法说明页的图解，是按从正面看织片时绘制的图。
梭编部分是从开始编织向着结束编织的方向，以指定针数来编织梭结的。
在方向右转时，织物的正面朝上，在方向左转时，织物的反面朝上。

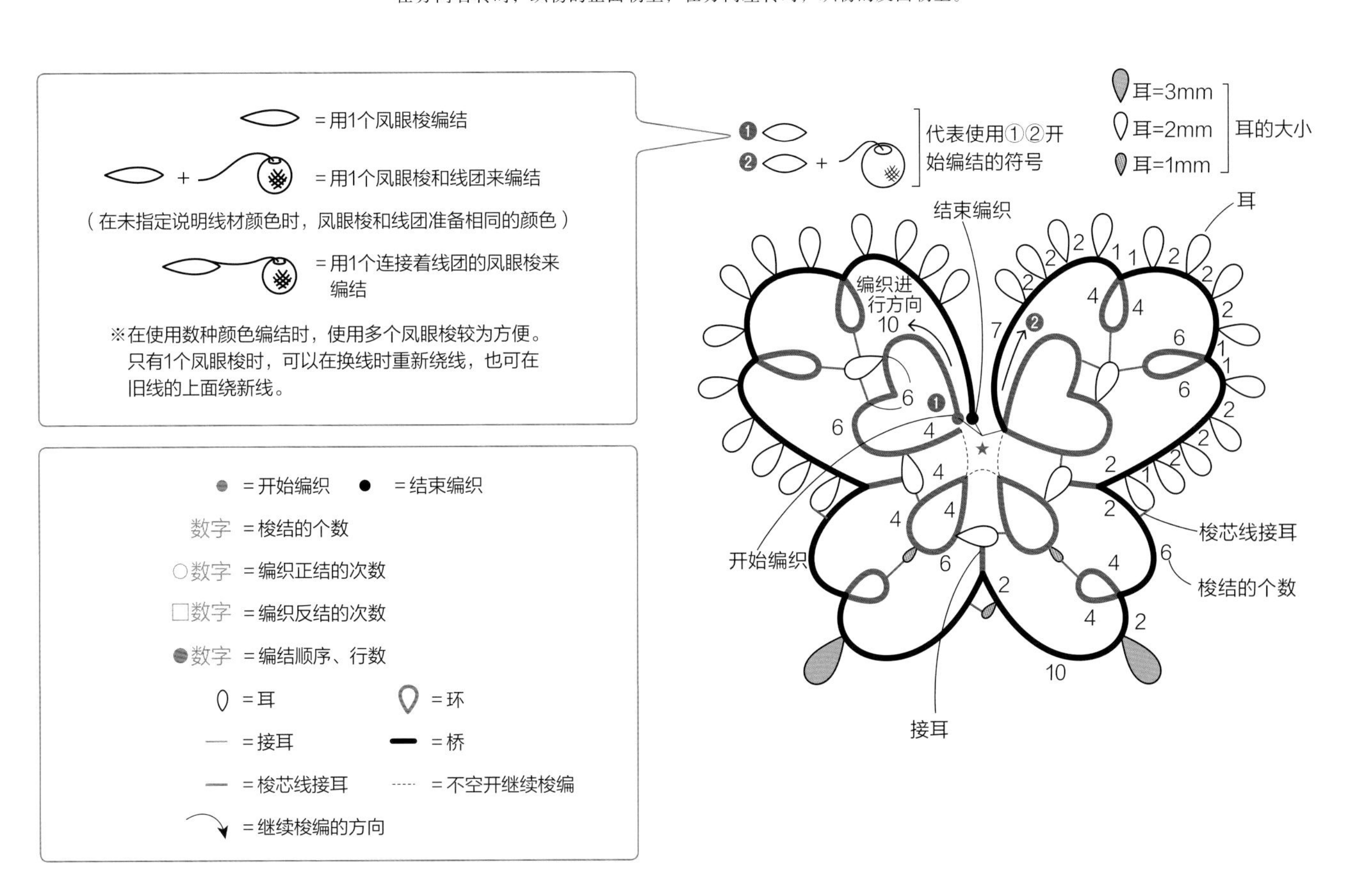

工具

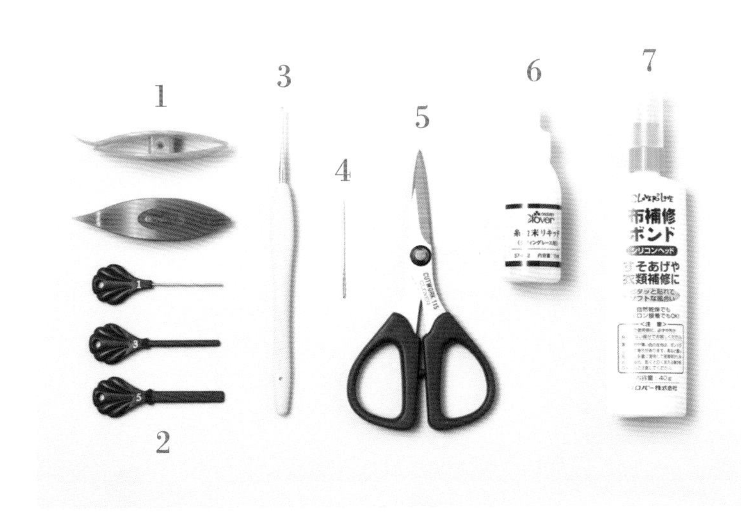

※1~7 均为 CLOVER（可乐）株式会社。

1 凤眼梭
船形的小卷线器。前端带有尖角的款式，使用起来更加方便。

2 耳尺
使用耳尺可以梭编出大小一致的耳。

3 蕾丝钩针
在细窄处将线钩出时使用。

4 缝针
处理线头时使用。

5 剪刀
在梭编线头收尾时，要将线头从织物上剪下，因而细尖头的剪刀用着更为方便。

6 线头锁边液
线头沾取锁边液，可以防打结处松开，导致线头散开。待干后就会变透明，使线头收尾处不明显。

7 布料修补胶
用于线收尾及防止线松散。因为在小面积上操作，所以可微量滴出以便使用。

※其他还会用到的工具有成品定型喷胶、珠针、熨斗、熨斗板。

梭编基础

凤眼梭的绕线方法

1 左手拿着凤眼梭，尖角朝左上，将线穿入凤眼梭中心的孔内。

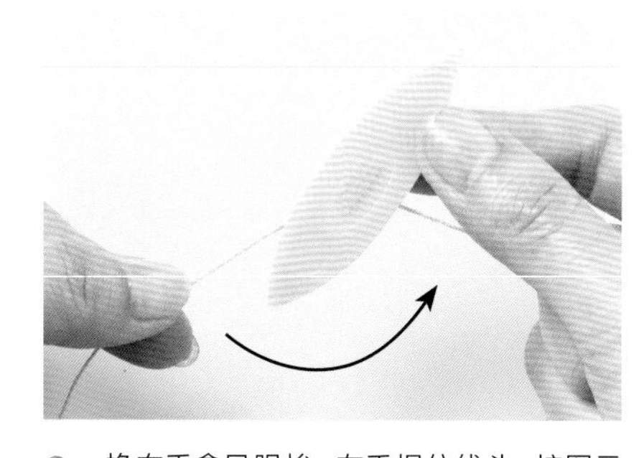

2 换右手拿凤眼梭，左手捏住线头，按图示箭头方向绕线。

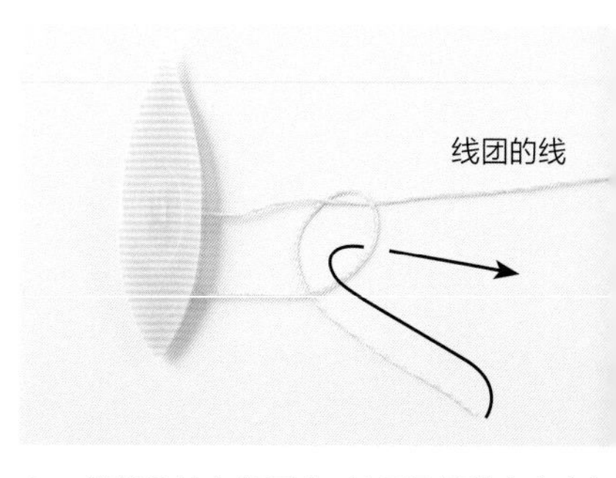

3 将线头挂在线团上，按图示箭头方向穿入环内。

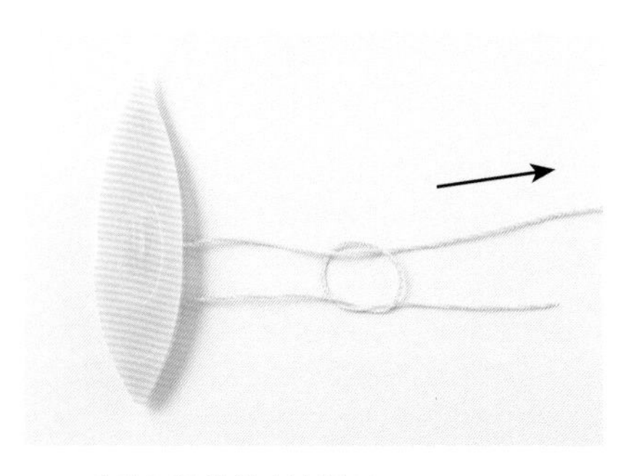

4 将线团的线拉出抽紧环。

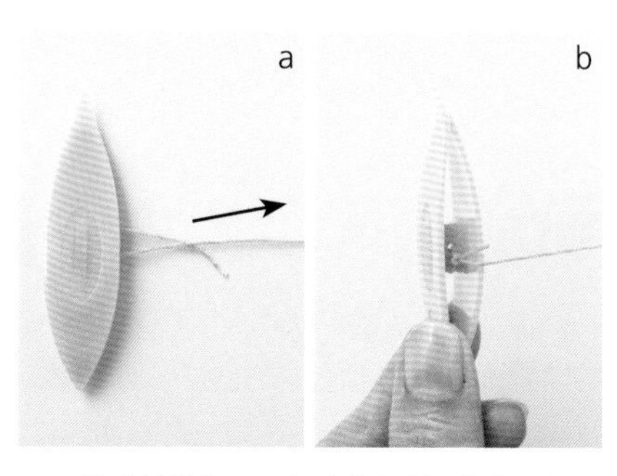

5 线头的线留1cm左右剪断(a)，拉线团的线将线结收至靠近梭孔处(b)。

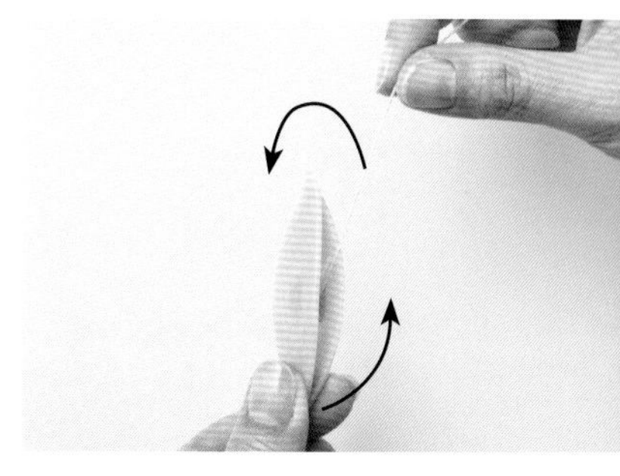

6 尖头朝左上，将线绕在凤眼梭上。

7 将线绕至未超出凤眼梭的宽度为止。

8 线绕好后，留30cm左右的线头后断线。

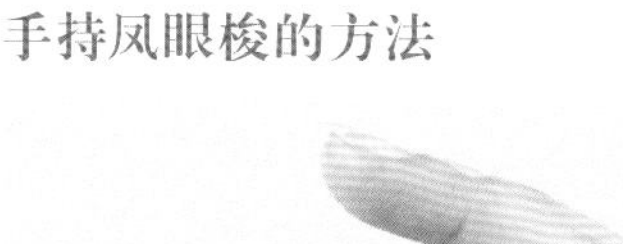

手持凤眼梭的方法

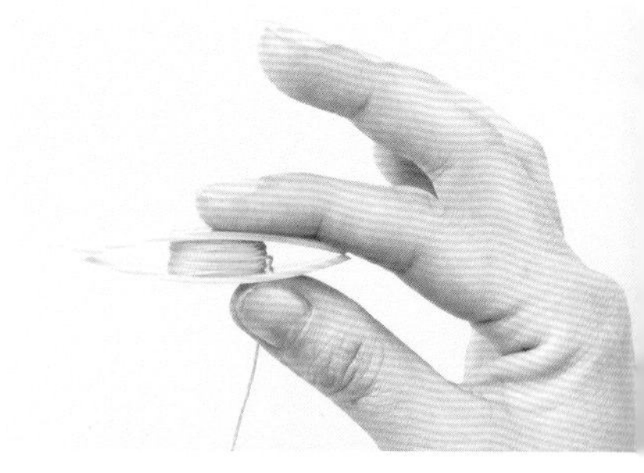

将尖头朝上，线头放在手的另一侧，用右手拇指和食指夹捏。

左手挂线的方法

梭编环时（1个凤眼梭）

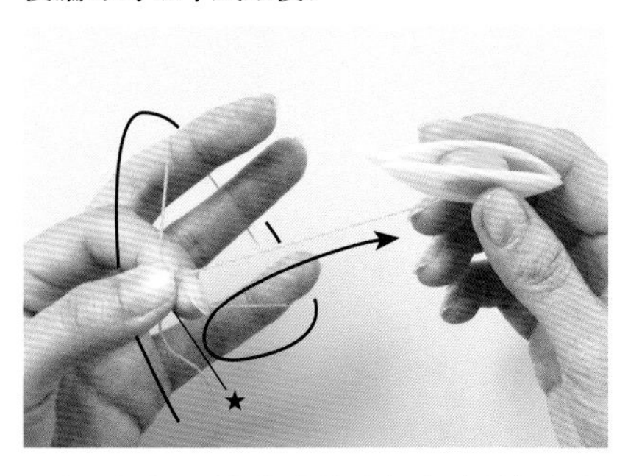

用左手拇指和食指捏住线头（★标志处），将梭芯线绕至外侧形成环，与线头重叠在★标志处捏住。

梭结的编结方法（正结和反结计为1个梭结）

正结的编结方法

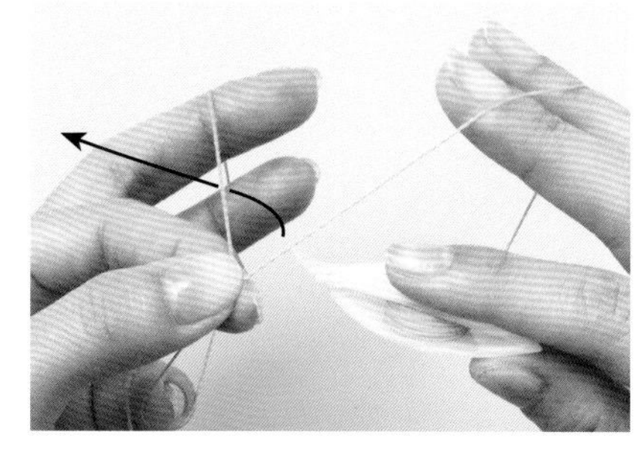

1 将梭芯线挂在右手上（无名指和中指上），将凤眼梭朝左手挂线的下方穿过。

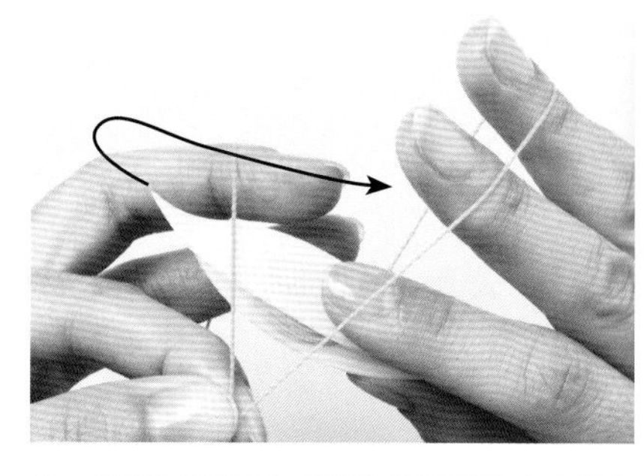

2 穿过时的样子。然后按图示箭头方向从左手挂线的上方带回凤眼梭。

3 继续从右手挂线的下方穿过凤眼梭。

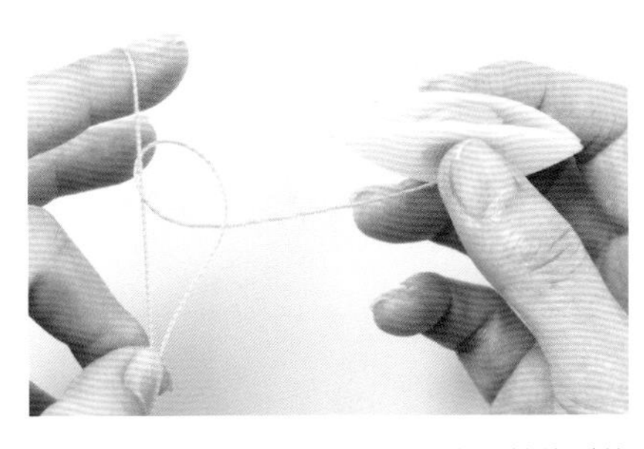

4 穿过后的样子。梭芯线绕在左手挂线时的状态。

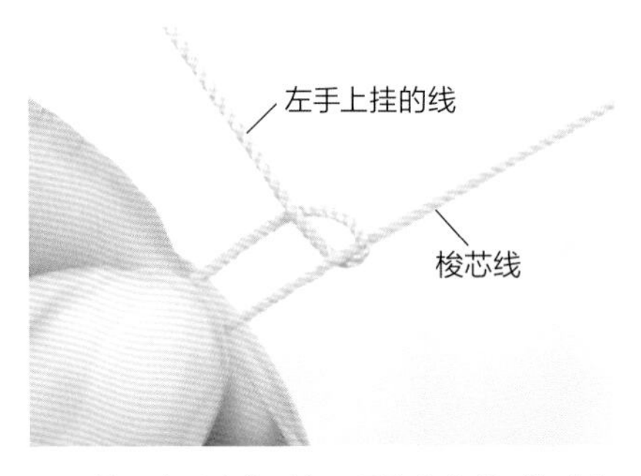

5 松开左手中指，拉凤眼梭上的线。换成左手上的挂线绕在梭芯线上的状态。

反结的编结方法

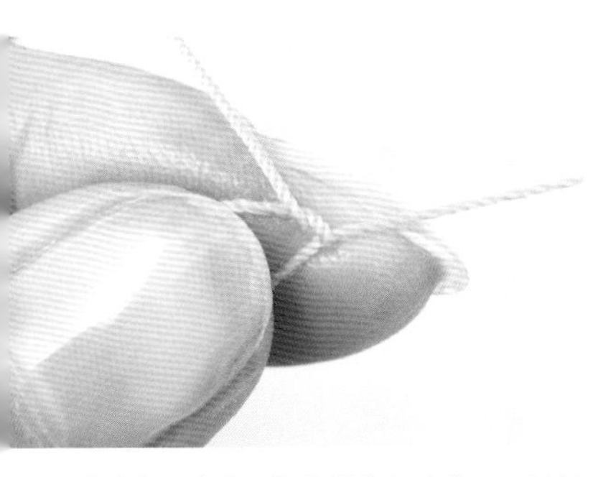

6 拉动左手中指，将线结靠近食指。正结梭编好后的样子。

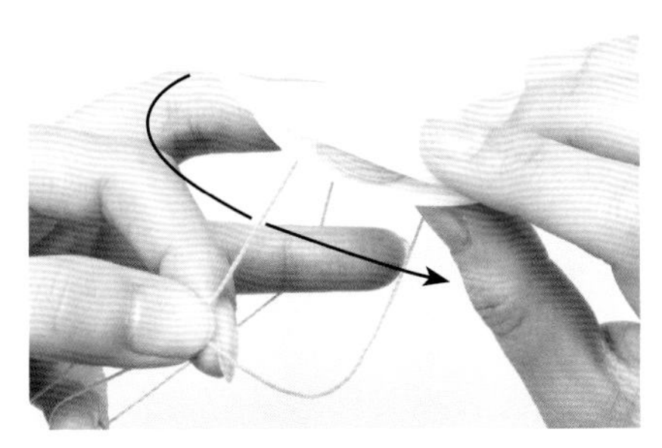

7 将凤眼梭绕过左手挂线的上方，接着按图示箭头方向将凤眼梭从线的下方穿过返回。

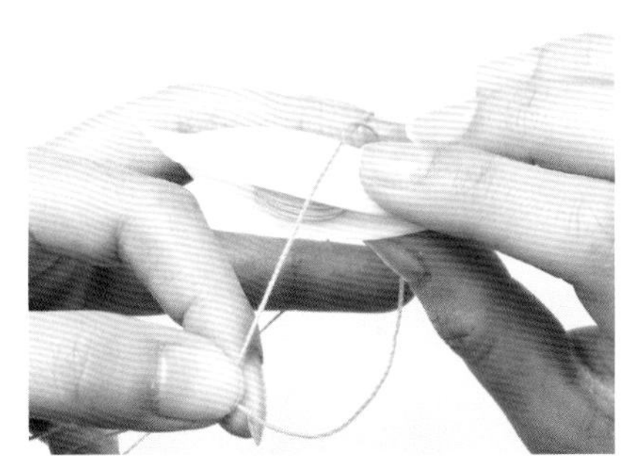

8 返回过程中的样子。

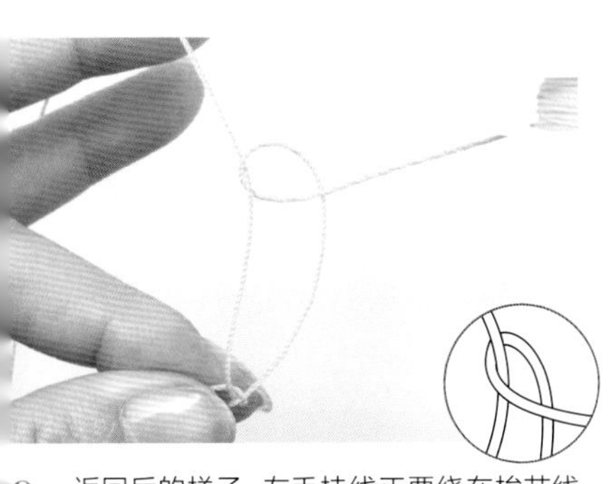

9 返回后的样子。左手挂线正要绕在梭芯线上时的状态。

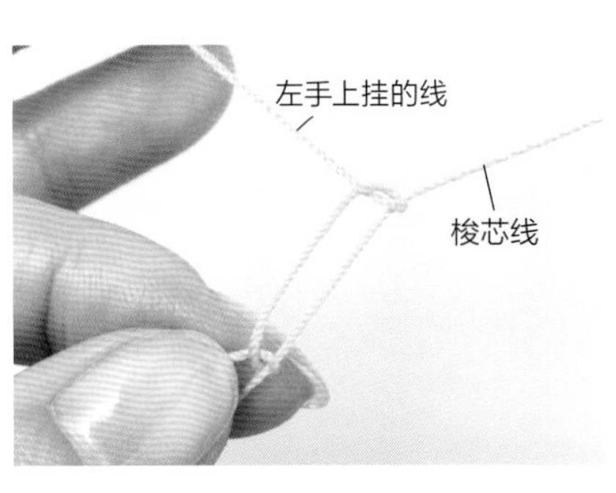

10 松开左手中指，拉梭芯线。转换成左手上的挂线绕在梭芯线上的状态。

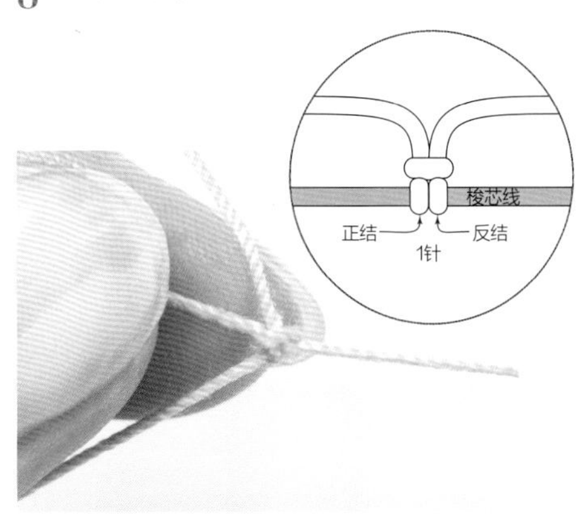

11 正结后梭编反结，完成1个梭结后的样子。

12 重复梭编正结和反结，图示为完成4个梭结后的样子。梭结个数参考右侧的“梭结计数方法”。

梭结的计数方法

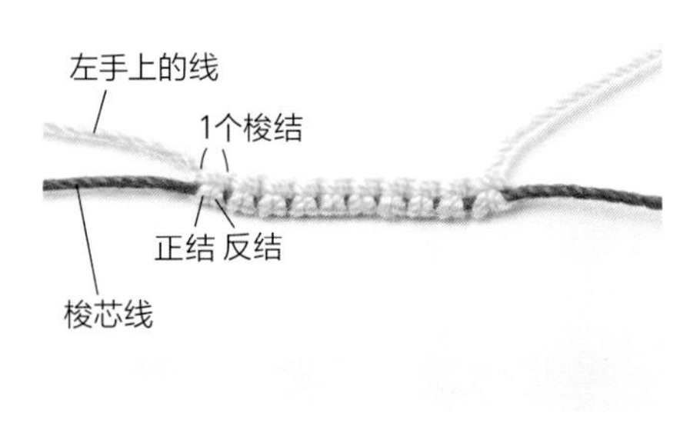

1个正结和1个反结计为1个梭结。图为梭编10个梭结后的样子。凤眼梭上的线为梭芯线，左手上的线为编结线。

这样梭编是错误的!

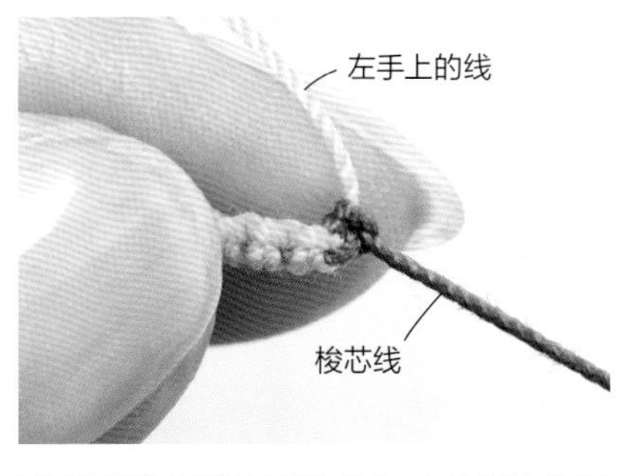

图示为用梭芯线编结后的状态。在拉线时，要时刻留意让左手上的线绕在梭芯线上。

环的梭编方法

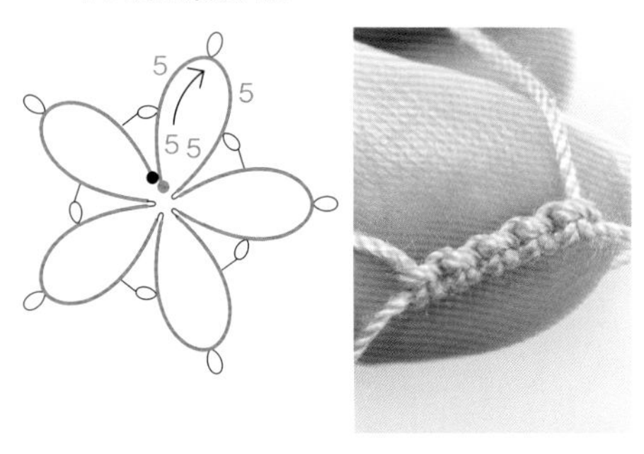

1 参考p.62在左手上挂编结线，梭编5个梭结。

耳的梭编方法

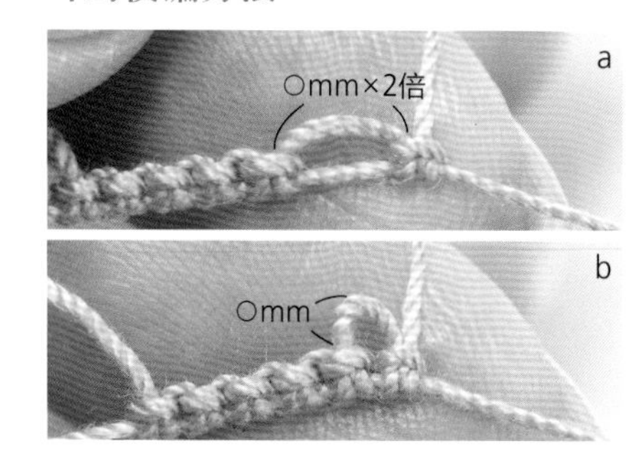

2 在距离2倍耳高处梭编1个梭结（a）。将编好的1个梭结拉靠过来（也可用耳尺参考p.65）。

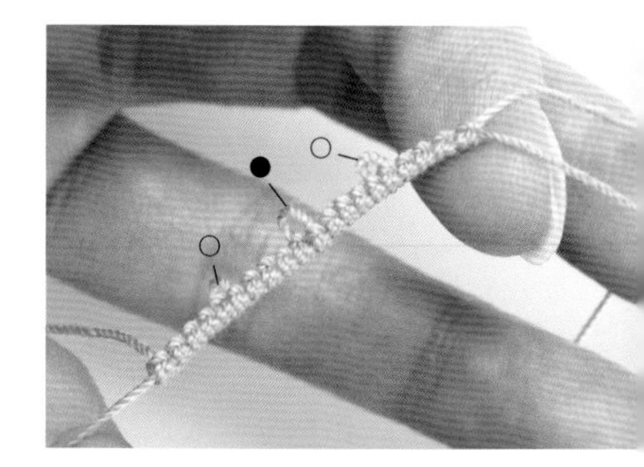

3 参考图解梭编梭结和耳。○是指与相邻环的接耳，●为装饰耳，长度可依据设计来调整。

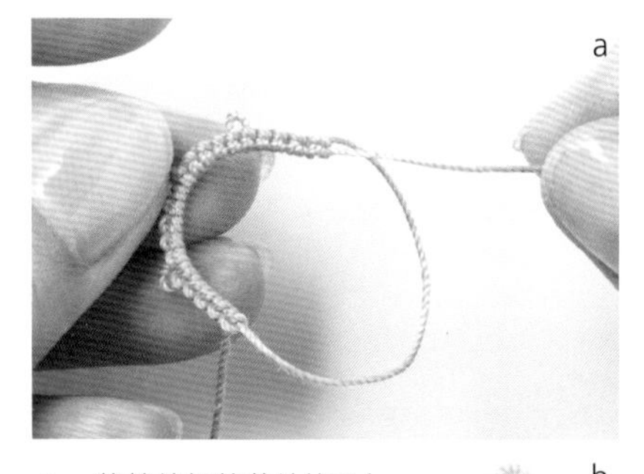

4 将梭编好的花片从手上取下，拉梭芯线抽紧成环。整理外形后，环就完成了。

继续梭编环

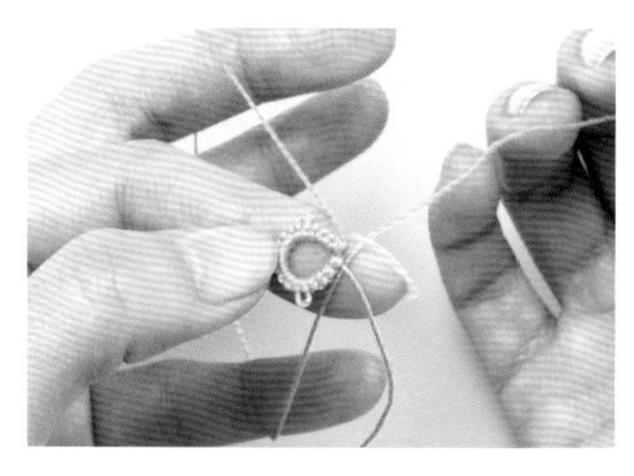

5 用左手拇指和食指拿环，将线挂在左手上制作成环（参考p.62左手挂线的方法）。

接耳（织片顶部相对连接时）

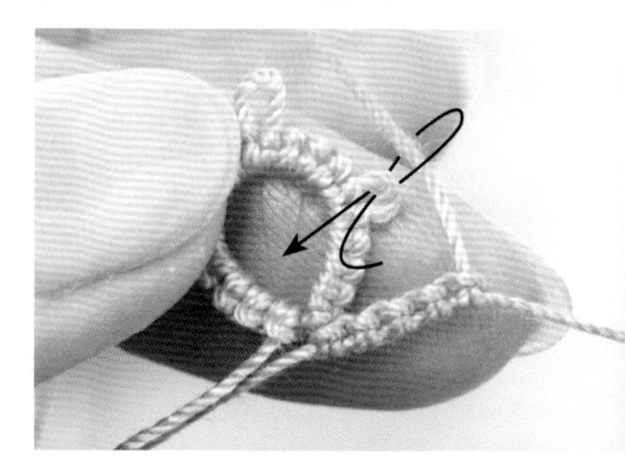

6 与第1个的环间不留缝隙地编第2个环的5个梭结，如箭头所指方向从耳处拉出左手上的编结线。

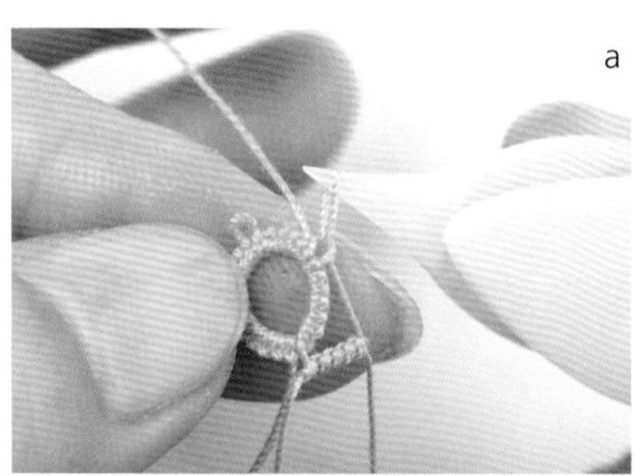

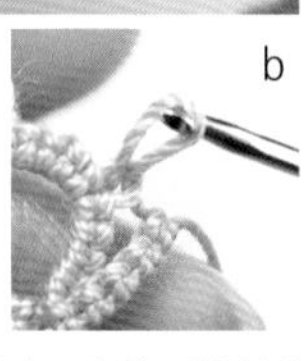

7 用凤眼梭的尖角（a）拉出线，耳较小时，用蕾丝钩针钩出（b）。

8 从拉出的环中穿过凤眼梭。

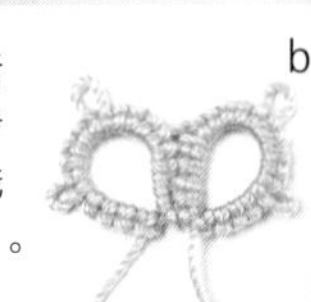

9 将线抽紧。接耳相连后的样子（a）。接着参考图解继续梭编，抽紧线环。完成了2个环（b）。

多个环相连成圆形（最后一个接耳的制作方法）

10 梭编到4个环相连，第5个环和第1个环接耳之前。如图箭头所示的方向弯折第1个环。

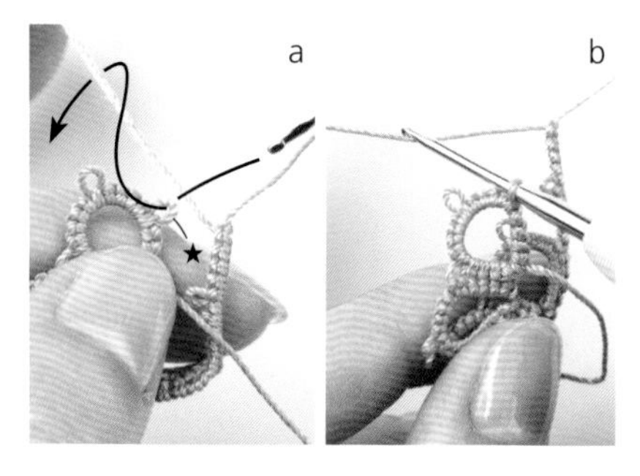

11 第1个环在反面时的状态。如箭头所示在耳处（★）入针（a），在针头上挂编结线（b）。

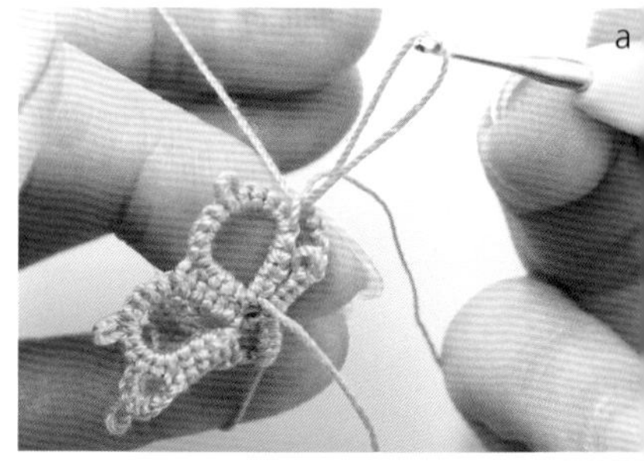

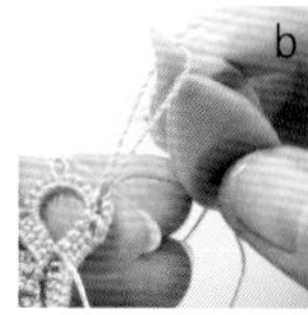

12 拉出线（a），从拉出的环中穿过梭子抽紧（b）。

13 抽紧接耳后的样子。继续编织5个梭结。

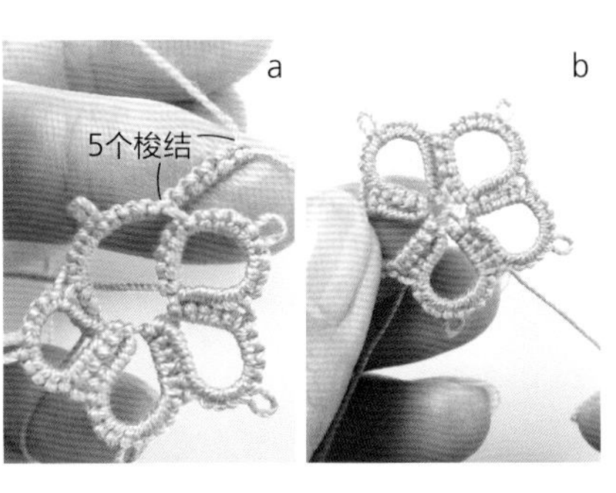

14 打开编织好的织物（a）。抽紧圈，5个环就连接起来了（b）。

线头收尾（线头为2根时）

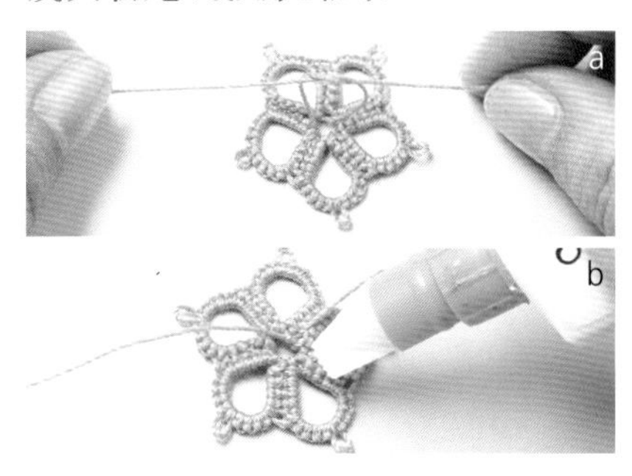

15 在花片的反面将线头打1个结（a），在打结处涂胶（b）。待胶干透前再打1次结。

16 待胶水干透后，将线头剪断。

耳尺的使用方法

用耳尺可以梭编出大小一致且美观的耳。

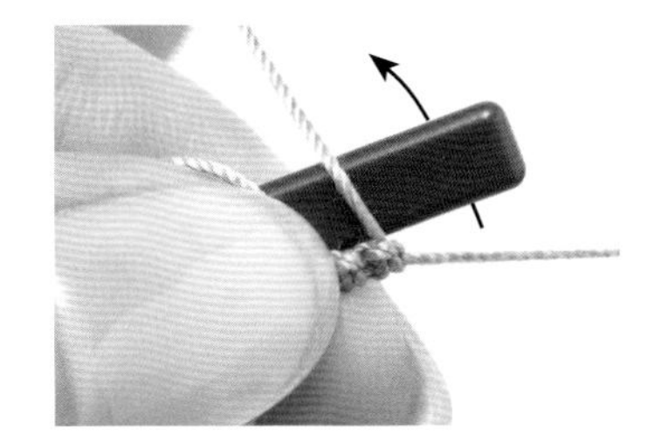

1 如图所示将符合耳大小的耳尺抵住针脚的顶部。

2 从耳尺的反面（参考图1的箭头方向）穿过梭子，梭编1个梭结。

梭编桥（1个凤眼梭+线团）

桥的左手挂线方法

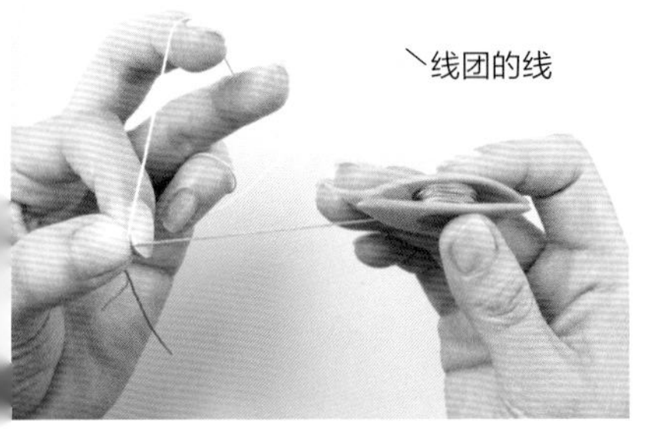

1 用左手的拇指和食指捏着线团的线头，转过手背拿绕在小指上。继续将梭芯的线头重叠捏在左手。

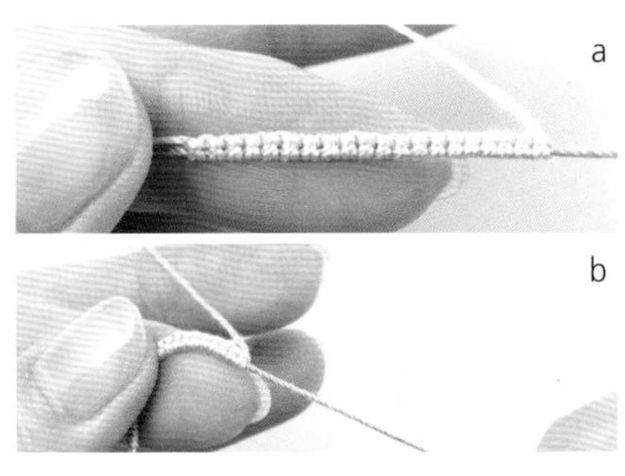

2 梭编好20个梭结（a），拉紧芯线弯折织物（b）。

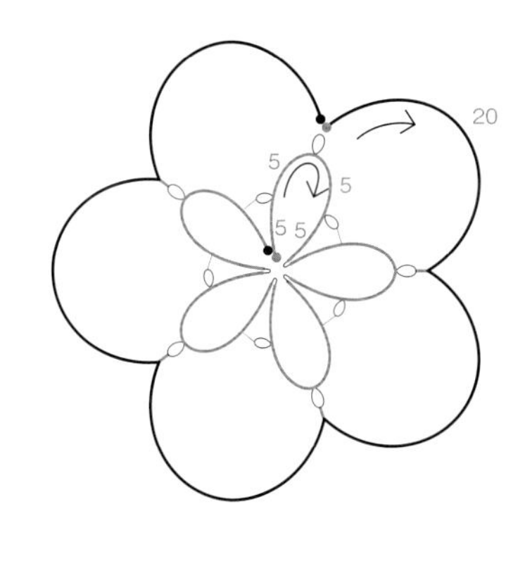

梭芯线接耳（织物朝着相同方向相连，不动芯线）

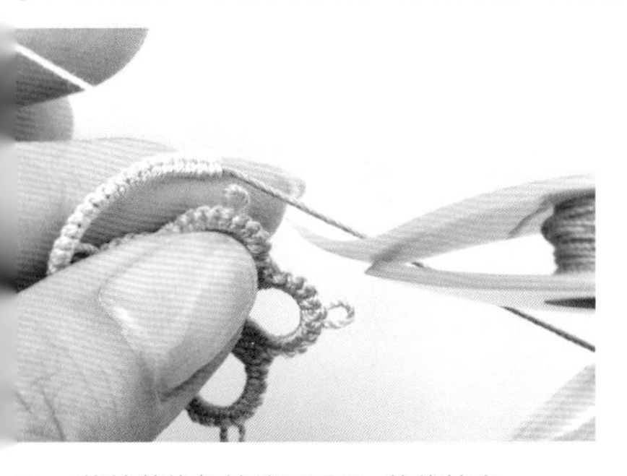

3 将梭芯线与梭编耳重叠，将线拉出。

4 拉出后的样子。将梭子从环中穿过抽紧。

5 抽紧后完成接耳的样子。

线头的收尾（4根线头时）

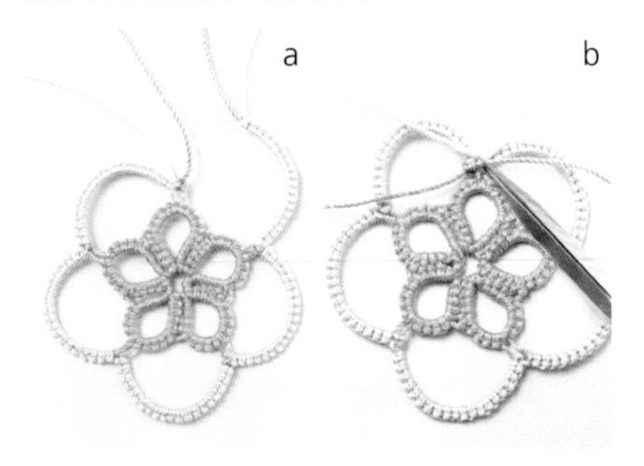

6 参考图解继续梭编（a），结束梭编时，是将芯线与芯线，梭结线与梭结线打结后收尾（参考p.65）。

完成

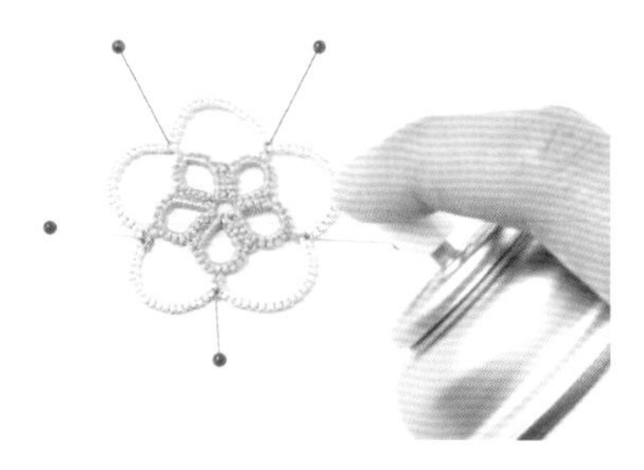

1 将作品翻到反面放在熨衣板上，整形并插珠针固定（为便于熨烫，稍稍倾斜地插入）。整体喷定型胶。

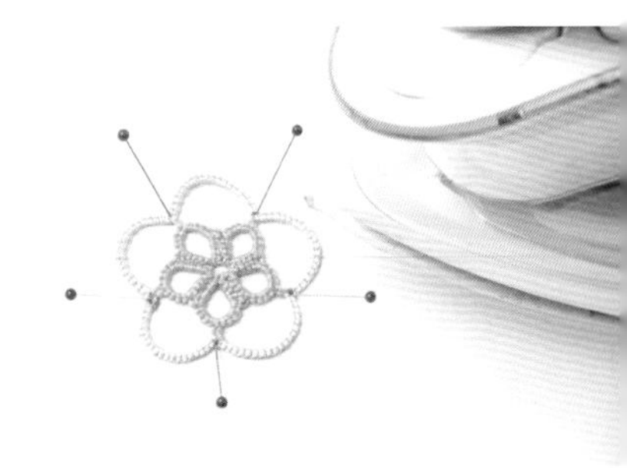

2 轻轻地压放蒸汽熨头。待干后取下珠针。

由环开始继续梭编桥

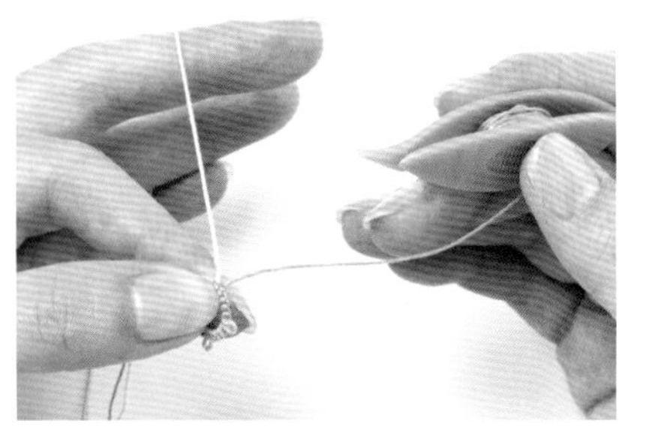

1 将桥的编结线挂在左手上（参考p.65桥的左手挂线方法），捏住线头，将环翻面，叠放在梭编线上。

2 梭编梭结。

4 梭编环（参考p.64）。

由桥开始梭编环

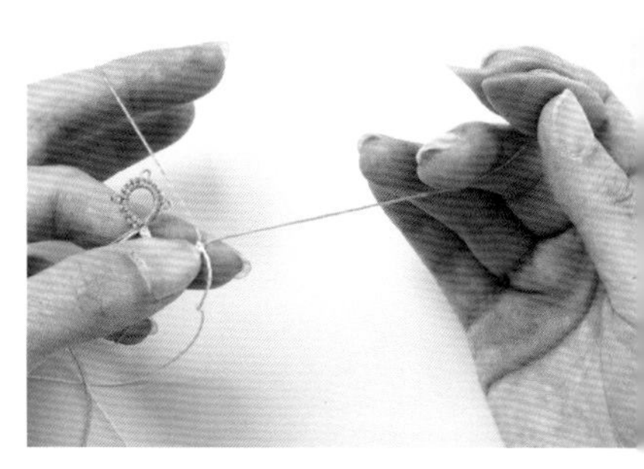

3 将梭芯线挂在左手上（参考p.62左手挂线的方法），将桥翻面后叠放梭编线。

将梭编好的桥连接在织物上

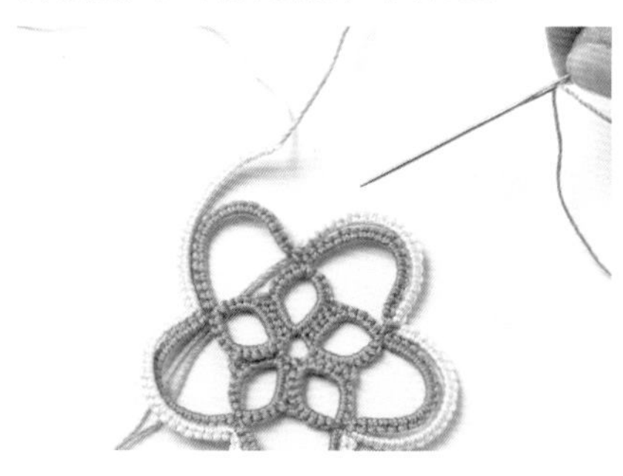

1 将芯线穿在针上，并穿过织物。

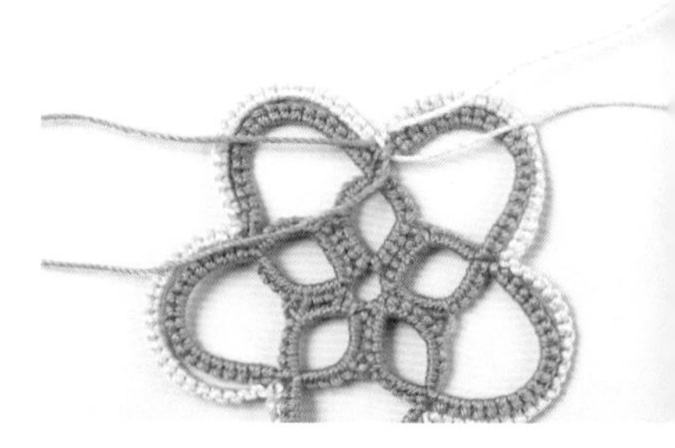

2 将织物翻面，参考上述线头收尾（4根线头时）的方法收尾。

将梭编好的桥连接在环上

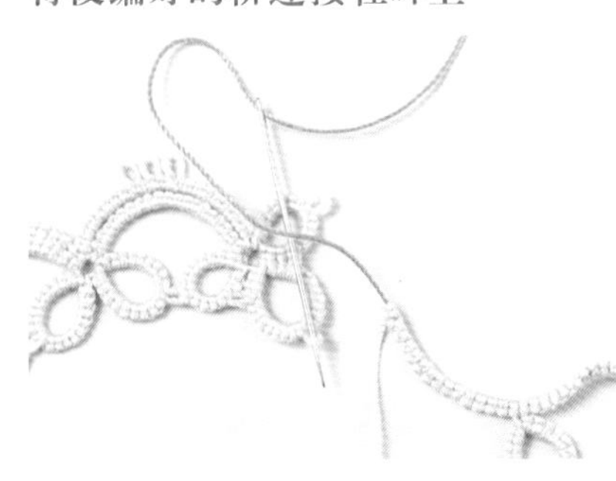

1 将芯线穿在针上，并从上方穿过耳。

2 将织物翻面，将芯线和编结线打2个结，将线头倒向桥的一侧。参考p.65的2根线头的方式收尾。

3 从正面看时的样子。

图片 p.57 花片F

一起梭编花片吧

梭编蕾丝是将环、桥组合后设计而成的，
耳有装饰耳和接耳两种功能。
懂得其组成结构后，会感受到出乎意料的简单。
尝试花片来一起练习吧。

※图片中为便于理解而使用了粗线。

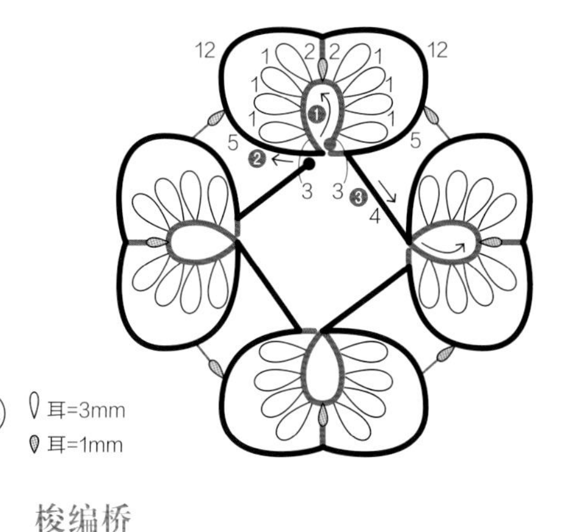

梭编环

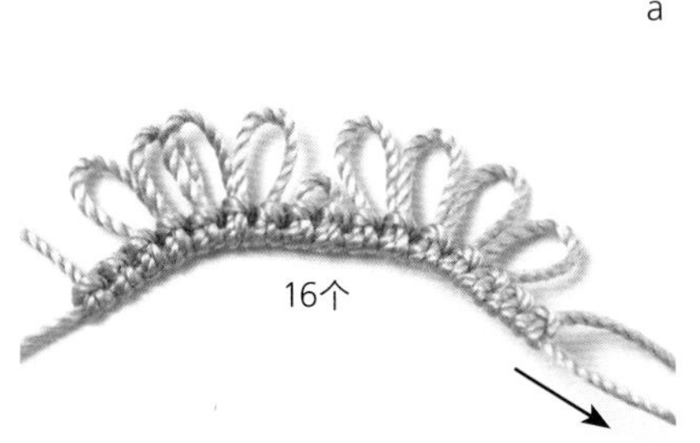

1 梭编3个梭结，重复梭编4次"长耳、1个梭结"（参考p.65耳尺的使用方法）。

2 继续按图解梭编（a）。抽紧梭子一侧的线，作成环状（b）。

梭编桥

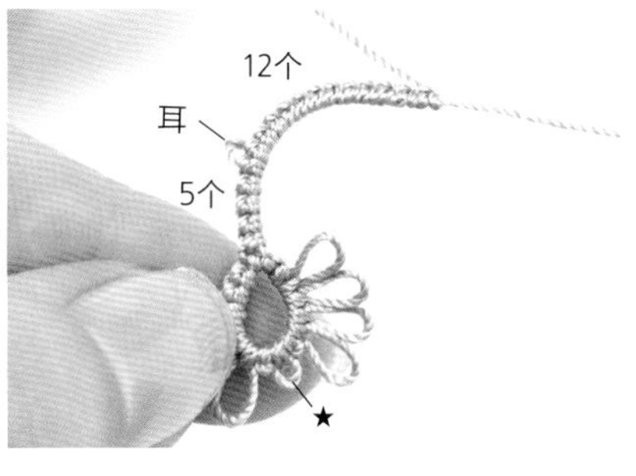

3 将步骤2的织物翻面，梭编叶片外侧的桥。

将梭编完成的桥和织物针脚相连
（梭芯线接耳）

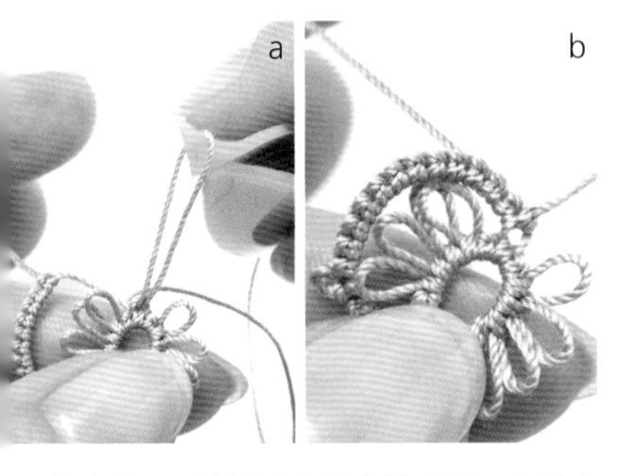

4 从步骤3★处的耳中拉出梭芯线，在环中穿过梭子（a）抽紧（参考p.65梭芯线接耳）。桥相连后的样子（b）。

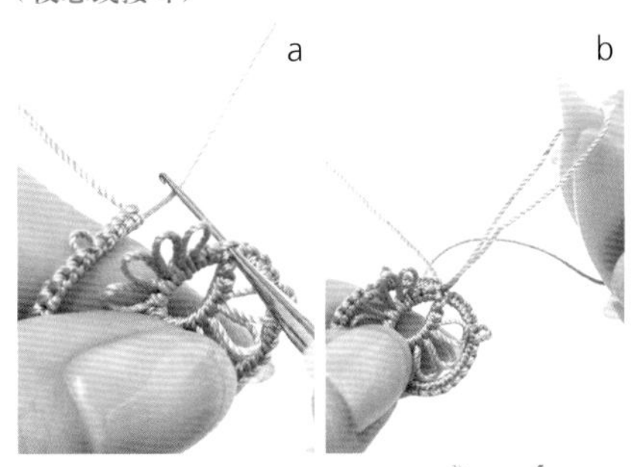

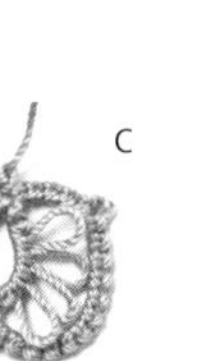

5 梭编12个梭结、耳、5个梭结。在环的底部梭结处插入蕾丝钩针（a）拉出编结线，从环中穿过梭子（b）。抽紧线（c）。

6 再梭编4针梭结，将织物翻面后，和步骤1、2同样地梭编环。

进行接耳

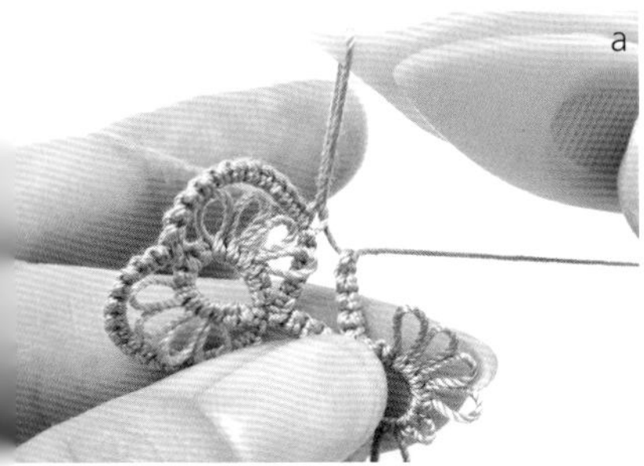

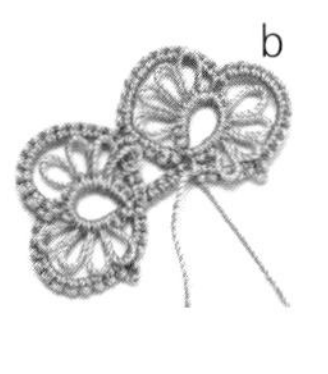

7 翻到正面，梭编5个梭结，从左侧相邻桥的耳中将线拉出（a）。将梭子从环中穿过接耳，继续梭编桥，与步骤5同样地在底部相连（b）。

8 梭编4个环与桥的搭配。梭编完4个梭结后，留10cm的梭芯线剪断，穿入缝针。穿入第1个花样的底部。

9 将步骤8的线和编结线打结收尾（参考p.65）。

专栏 3

成人款的珠宝胸针

仅仅只是缝了珠子！

在胸前闪耀着光芒的珠宝装饰胸针。
在薄布上缝珠子，覆盖住图案，然后粘贴在底座上即可完成。
珠宝的组合和排列，让人感觉极有品位。
要不要试着挑战一下？

设计 & 制作＊濑畑靖子
制作方法 >> p.80、81

方形胸针

黑色、银色、蓝色的组合极为雅致。
单个也好，两个组合一起也好，可以自由搭配佩带。

圆弧胸针

颜色各异的圆形胸针和弧形胸针套装。
给人较为柔和的感觉，很适合日常装扮。

本书所使用线材的介绍（图片为实物大小）

MATERIAL GUIDE

a
b
c
d
e
f
g
h
i
j
k
l
m
n
o
p
q
r
s

●Atelier K'sk株式会社

a SESAMEE／钩针8/0号、腈纶45%、棉37%、锦纶18%、60g／团（约60m）、19色

b CAPPELLINI／钩针2/0~4/0号、棉100%、50g／团（约170m）、10色

●OLYMPUS THERAD Mfg.Co.,LTD（奥林巴斯）

c Emmy Grande／蕾丝钩针0号~钩针2/0号、棉100%、50g／团（约218m）、47色、100g／团（约436m）、3色

d Emmy Grande〈Colors〉／蕾丝钩针0号~钩针2/0号、棉100%、10g／团（约44m）、26色

e Emmy Grande〈HERBS〉／钩针3/0~4/0号、棉100%、25g／团（约74m）、22色

f Emmy Grande〈HOUSE〉／蕾丝钩针0号~钩针2/0号、棉100%、20g／团（约88m）、18色

g 25号刺绣线／棉100%、8m／扎、434色

●和麻纳卡株式会社（HAMANAKA）

h Flax K／钩针5/0号、亚麻78%、棉22%、25g／团（约62m）、17色

i Flax C／钩针3/0号、亚麻82%、棉18%、25g／团（约104m）、17色

j Flax C〈Lame〉／钩针3/0号、亚麻82%、棉18%（使用Lame）、25g／团（约100m）、11色

k COTTON NOTTO／钩针4/0号、棉100%、25g／团（约90m）、20色

l APRICO／钩针3/0~4/0号、棉（超长棉）100%、30g／团（约120m）、26色

m Wash Cotton／钩针4/0号、棉64%、涤纶36%、40g／团（约102m）、30色

●DMC

n CEBELLA 30号／蕾丝钩针4~6号、棉100%、50g／团（约540m）、39色

o RETORS 4号刺绣线／棉100%、10m／支、285色

p Étoile 25号刺绣线／棉73%、锦纶27%、8m／支、35色

●MARCHEN ART株式会社

q 混麻线／植物纤维（黄麻）70%、亚麻30%、1卷约100m（约130g）、4色

r Manila hemp lace／钩针2/0~3/0号、植物纤维（马尼拉麻100%、20g／团（约160m）、16色

●横田株式会社（DARUMA）

s LILI／钩针7.5/0~8/0号、棉60%、植物纤维（黄麻）40%、50g／团（约53m）、8色

素雅的方形包 图片 >> p.25

＊准备的材料

Atelier K' sk SESAMEE／白色（301）、黑色（312）…各40g

＊针　钩针8/0号

＊钩织密度（10cm×10cm）　花片B花样12.5针×13行

＊完成尺寸　宽度20cm×高度14cm

＊制作方法

分别钩织1片花片A和1片花片B。将2片正面相对，将花片A的第5行锁缝在花片B的边缘反面。

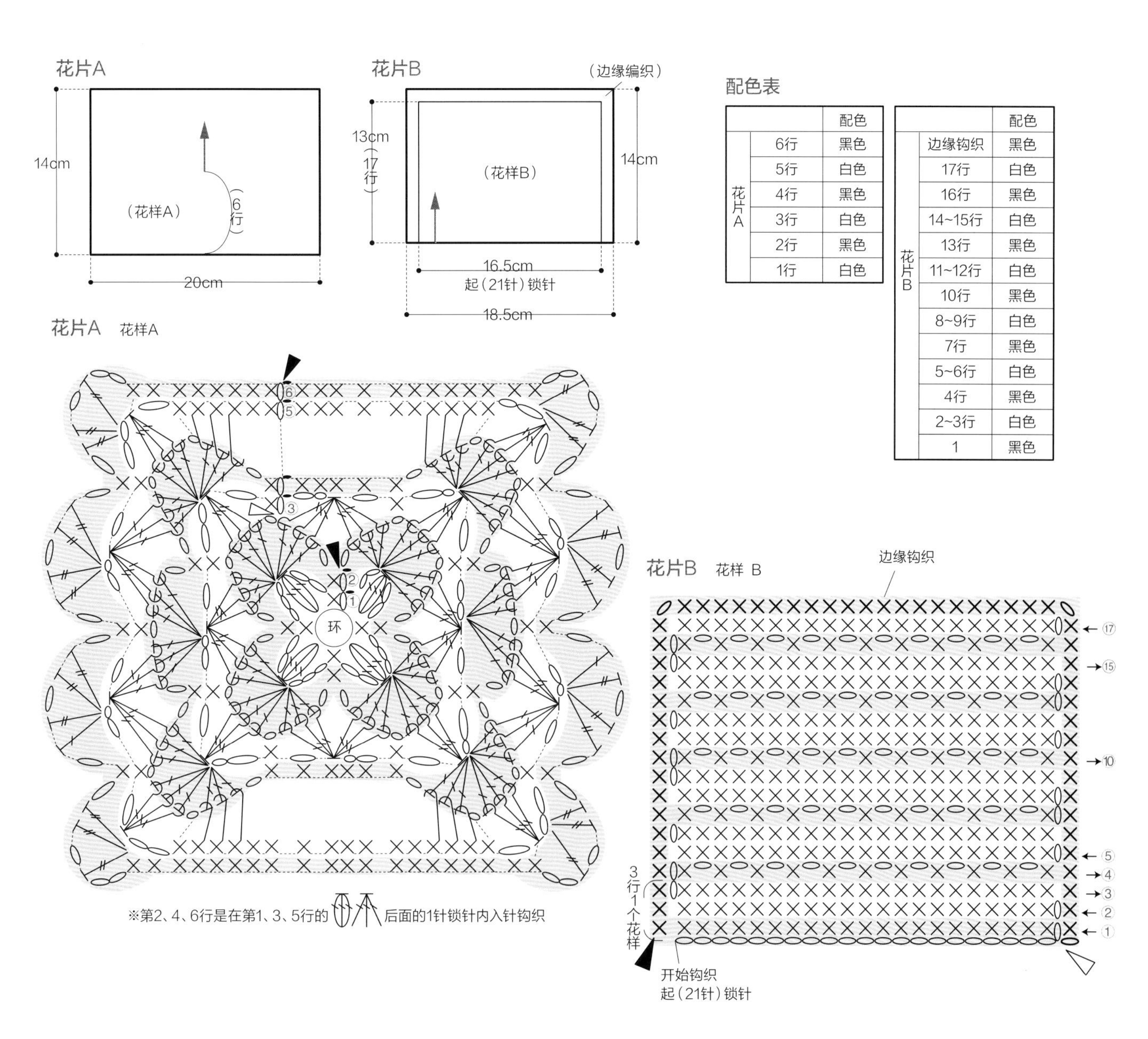

配色表

		配色
花片A	6行	黑色
	5行	白色
	4行	黑色
	3行	白色
	2行	黑色
	1行	白色

		配色
花片B	边缘钩织	黑色
	17行	白色
	16行	黑色
	14~15行	白色
	13行	黑色
	11~12行	白色
	10行	黑色
	8~9行	白色
	7行	黑色
	5~6行	白色
	4行	黑色
	2~3行	白色
	1	黑色

制作方法

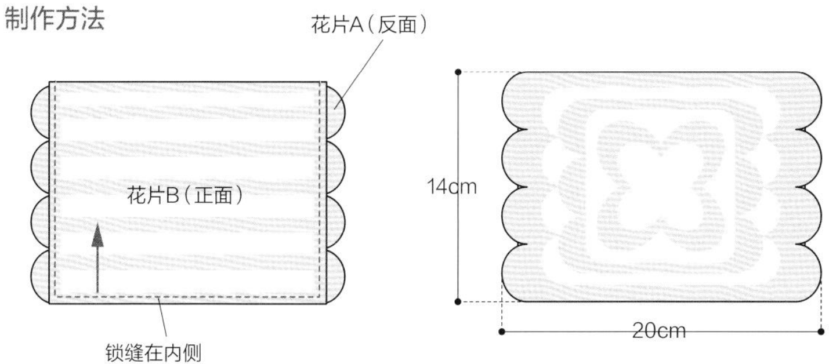

网眼钩织的袜套 图片 >> p.27

＊准备的材料
黄色:OLYMPUS（奥林巴斯）Emmy Grande HOUSE /
柠檬黄色（H21）…50g
紫：OLYMPUS（奥林巴斯）Emmy Grande HOUSE /
紫色（H15）…50g
＊针　钩针 2/0 号
＊完成尺寸　参考图片
＊制作方法
从脚尖的15针锁针开始圈钩脚背和底部至16行。接着片钩30行侧面和底部，将脚跟处和中心正面相对用钩锁针的方式缝合。脚脖子处钩织花边。

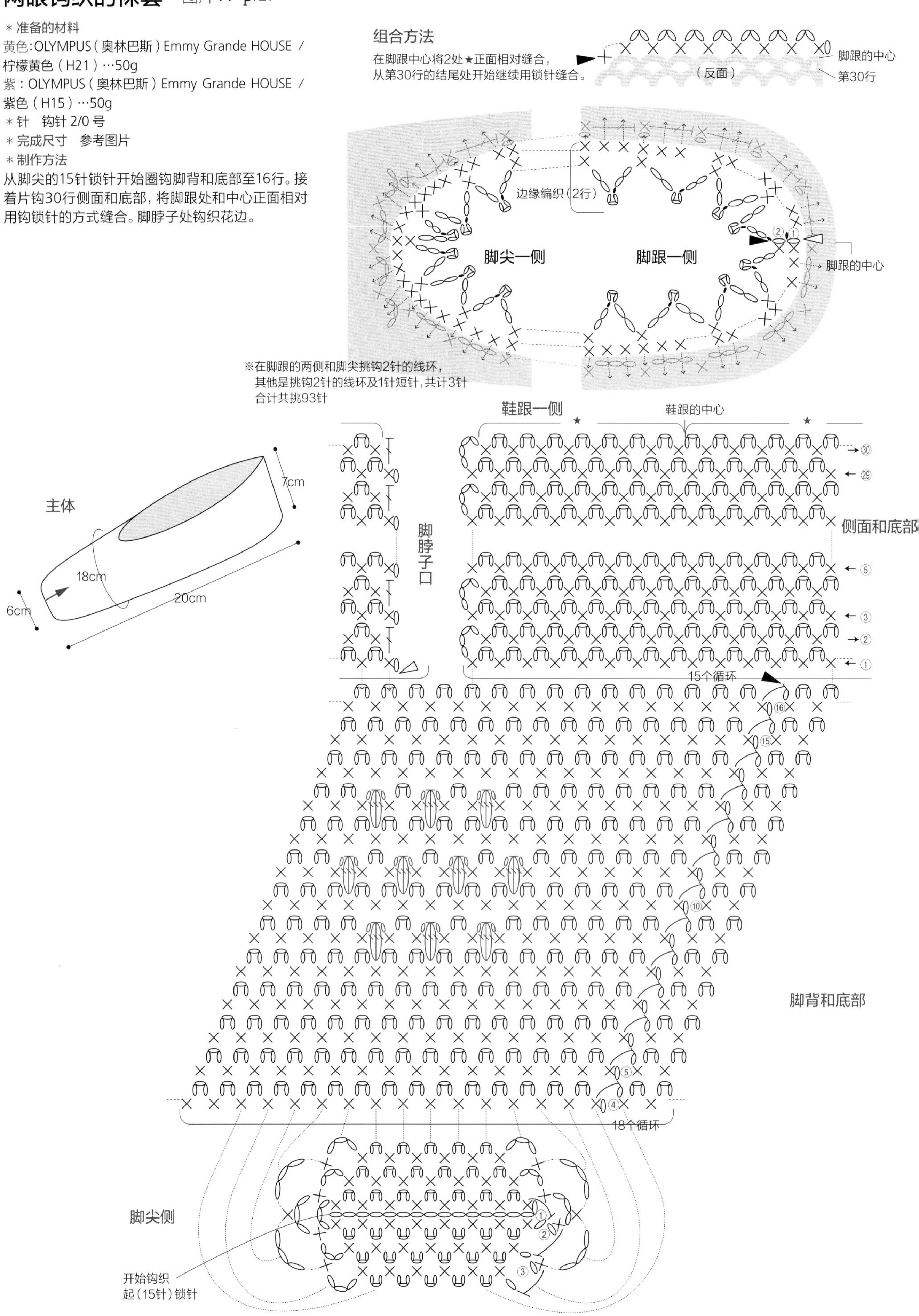

菱形花样的袜套 图片 >> p.28

＊准备的材料
米色：OLYMPUS（奥林巴斯）Emmy Grande HOUSE ／米白色（H2）…65g
绿色：OLYMPUS（奥林巴斯）Emmy Grande HOUSE ／绿色（H12）…65g
＊针　钩针 2/0 号
＊完成尺寸　参考图片

＊制作方法
从脚尖的12针锁针开始圈钩脚背和底部至13行。接着片钩16行侧面和底部，将脚跟处和中心正面相对缝合。脚脖子处钩织花边。

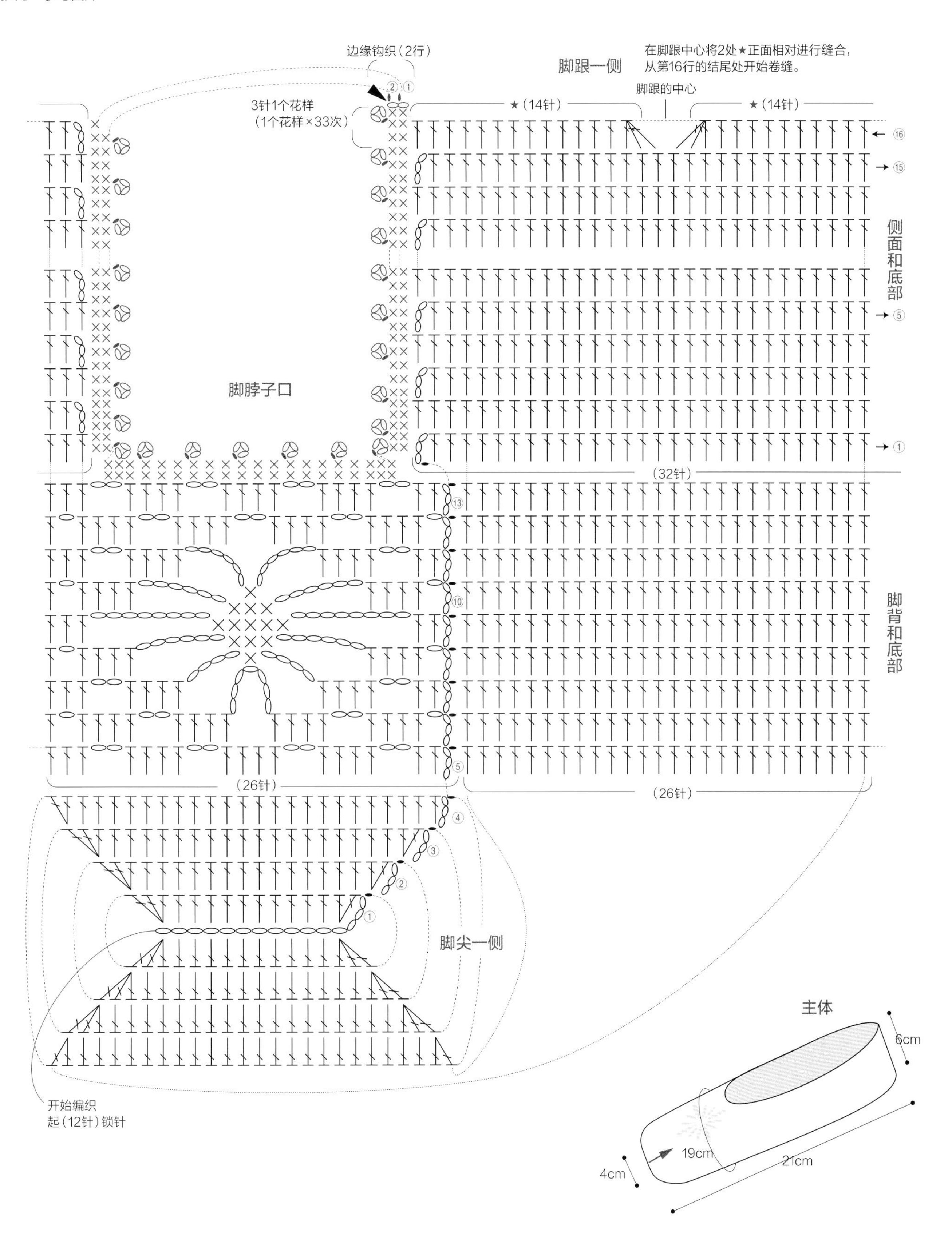

A～D、G、H、Q、R、耳环、挂坠 图片 >> p.56、57、60

＊准备的材料

线均为DMC CEBELLA 30号

A：淡绿色（964）…少许

耳环：烟粉色（224）、浅驼色（842）…各少许、圆形开口圈3.5mm（Si）…2个、耳环金属配件…1对

Q：茶色（434）、浅驼色（842）…各少许

R：淡绿色（964）、浅驼色（842）…各少许

B：烟粉色（224）…少许

C：浅灰驼色（3033）…少许

挂坠：翡翠绿（959）…少许、吊坠扣（小）…1个、项链皮绳40cm…1根

D：淡蓝色（800）…少许

G：米色（3865）…少许

H：米色（3865）…少许

＊其他 耳尺、凤眼梭、蕾丝钩针、缝针

＊完成尺寸 参考图片

＊制作方法

A·耳环·Q·R：❶是梭编环，❷是翻面梭编桥，❸是不翻面梭编桥，❹是用桥、❺是用环分别梭编茎和叶。耳环用圆形开口圈来连接耳环金属配件。

B：❶是以接耳的方式将a、b、c的环相连，自上而下以c、a、b的顺序重叠连接成圆形。❷是以环开始梭编，在❶的耳内边相连边梭编。❸是梭编1圈桥。

C·挂坠：❶是以梭编环开始，最开始的环是梭编长耳，从第2个开始以接耳方式与长耳相连。在桥上是隔1个梭结梭编耳。❷～❹是桥，❺是梭编桥和环。挂坠是在❺的环上装吊坠扣，穿皮绳。

D：将6个环以接耳的方式梭编相连。梭编结束的耳不要扭曲，按照p.64接耳相连。

G：以梭编环开始，重复梭编“翻面桥、翻面环”。梭编第6个桥。结束梭编环的接耳（★）请不要扭曲，按p.64接耳相连。）

H：❶是梭编环，❷是以梭编桥开始。触角是将完成梭编的梭芯线之间、线团的线头之间进行打结，薄薄地涂抹一层胶水，分别将2根线拧在一起。将线头打单结后剪断。

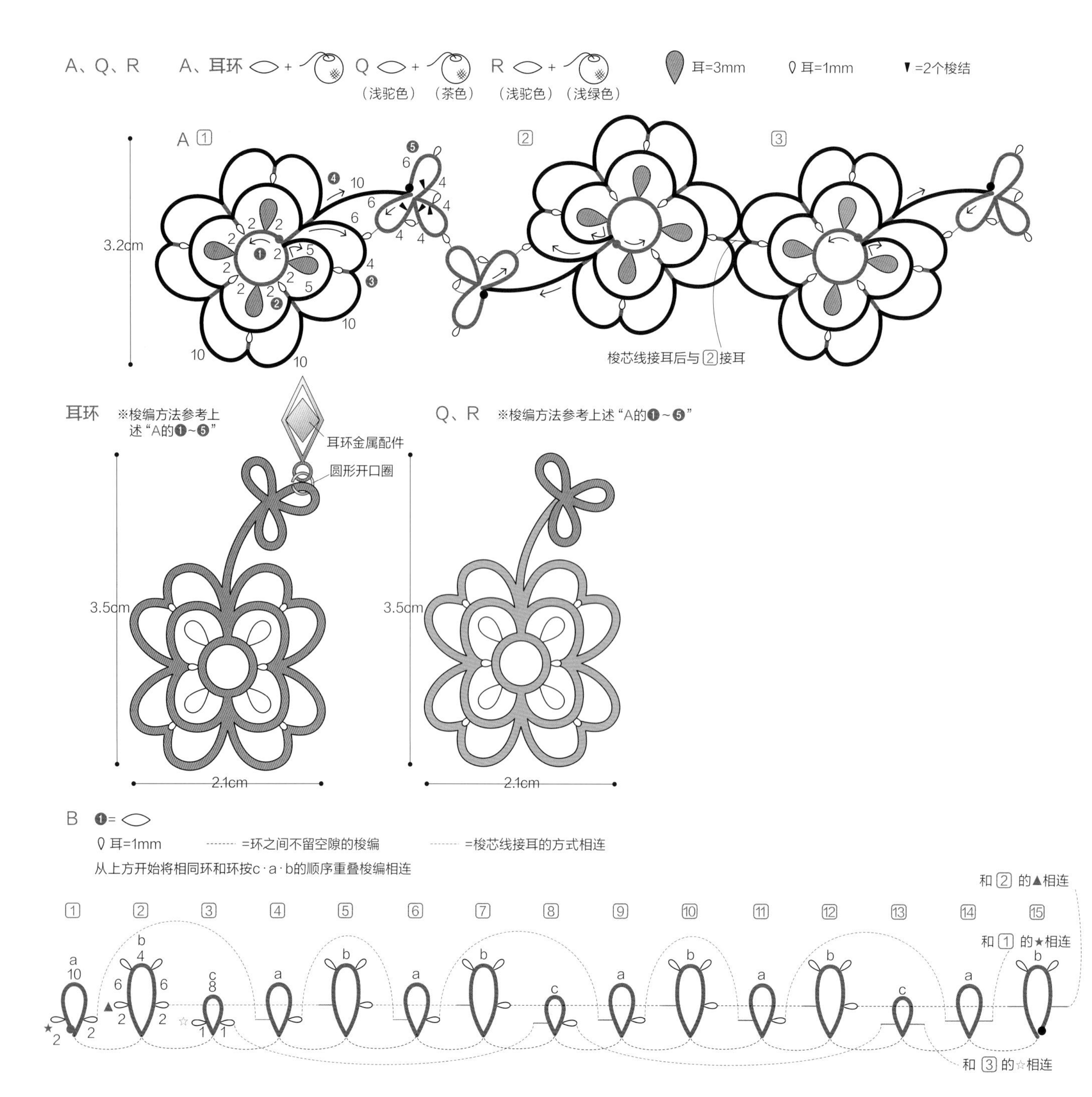

❷·❸=
耳(❸)=3mm
耳(❷)=1mm
B ❷·❸
❶的环b
第3行依照梭芯线接耳的要领，
在上一行耳上接线开始梭编。
结束梭编按"p.63线头为2根时"的方式将线头收尾。
挂坠
吊坠扣
项链皮绳
3.8cm
C※梭编方法参考
下述内容
3.8cm
C ❶=
耳(❶~❸)=3mm
耳=1mm
❶~❸的耳间是1个梭结
3.8cm
10.8cm
D
耳=7mm
耳=1mm
2.6cm
G
100cm
耳=3mm
耳=2mm
2.6cm
H ❶
❷
耳=3mm
耳=1mm
耳=2mm
2.8cm
3.4cm
★：留出10m的线头，制作触角。

E、F、I、J～L、P～发夹、包包 图片 >> p.56~60

＊准备的材料

线均为 DMC CEBELLA 30 号

E：米色（3865）…少许

F：米色（3865）…少许

发夹：米色（3865）…少许、市售发夹 / 横 8.5cm× 纵 3.3cm…1 个

I：芥末色（3820）…少许

P：浅紫色（211）、灰色（318）…少许

J：米色（3865）…少许

K：烟粉色（224）…少许

L：翡翠绿（959）…少许

包包：淡绿色（964）…少许、市售小包 / 19cm×14.5cm…1 个

＊其他　耳尺、凤眼梭、蕾丝钩针、缝针

＊完成尺寸　参考图片

＊制作方法

E：❶不留空隙地梭编环。结束梭编的线头打结（参考p.65）。

F：❶是环，梭编❷的桥，用梭芯线接耳的方式和环的底部相连，梭编❸的桥。重复3次步骤❶~❸。结束梭编时将线头穿过织物后打结（参考p.67）。

发夹：用胶水粘贴E、F花片。

I、P：❶是梭编环，用接耳的方式将a、b、c的环相连。结束梭编时将线头打结（参考p.65）作成环形。❷是和❶的环a以接耳方式相连的同时，环和桥交替梭编。❸是以环开始，梭编桥和环。

J：在花样间留出1cm渡线梭编环。

K：以梭编环开始，翻面将线团的线挂在左手上梭编桥，翻面后梭编环。参考图示交替梭编桥和环。

L：“以梭编环开始，中间梭编5次正结、5次反结制作成心形。梭编4个环后翻面，以桥为茎，翻面用2个环梭编叶片，翻面以桥为茎的继续梭编”。重复双引号内的内容梭编。

包包：参考L梭编花辫，用胶水粘贴在包上。

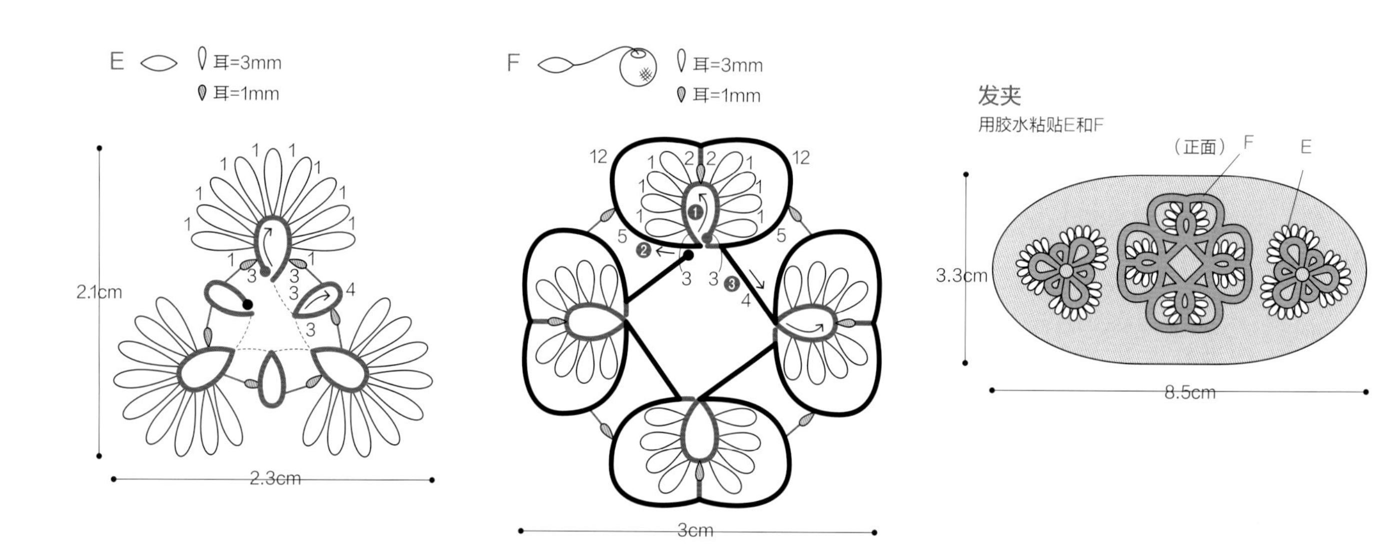

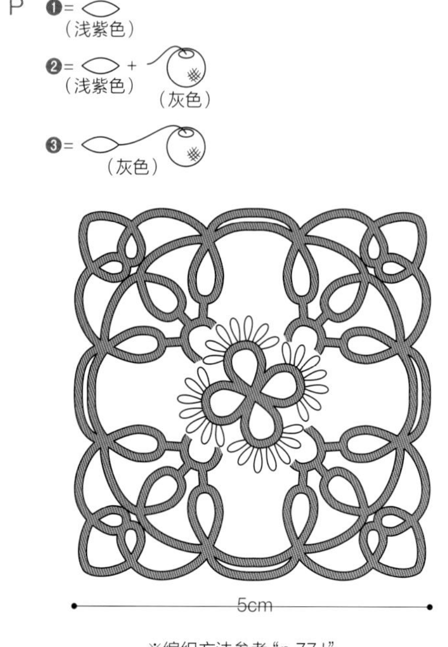

※编织方法参考“p.77 I”

包包　※编织方法参考“p.77 L”

将L完成梭编的线头穿过梭编起始处做成环状，用胶水粘贴

14.5cm

19cm

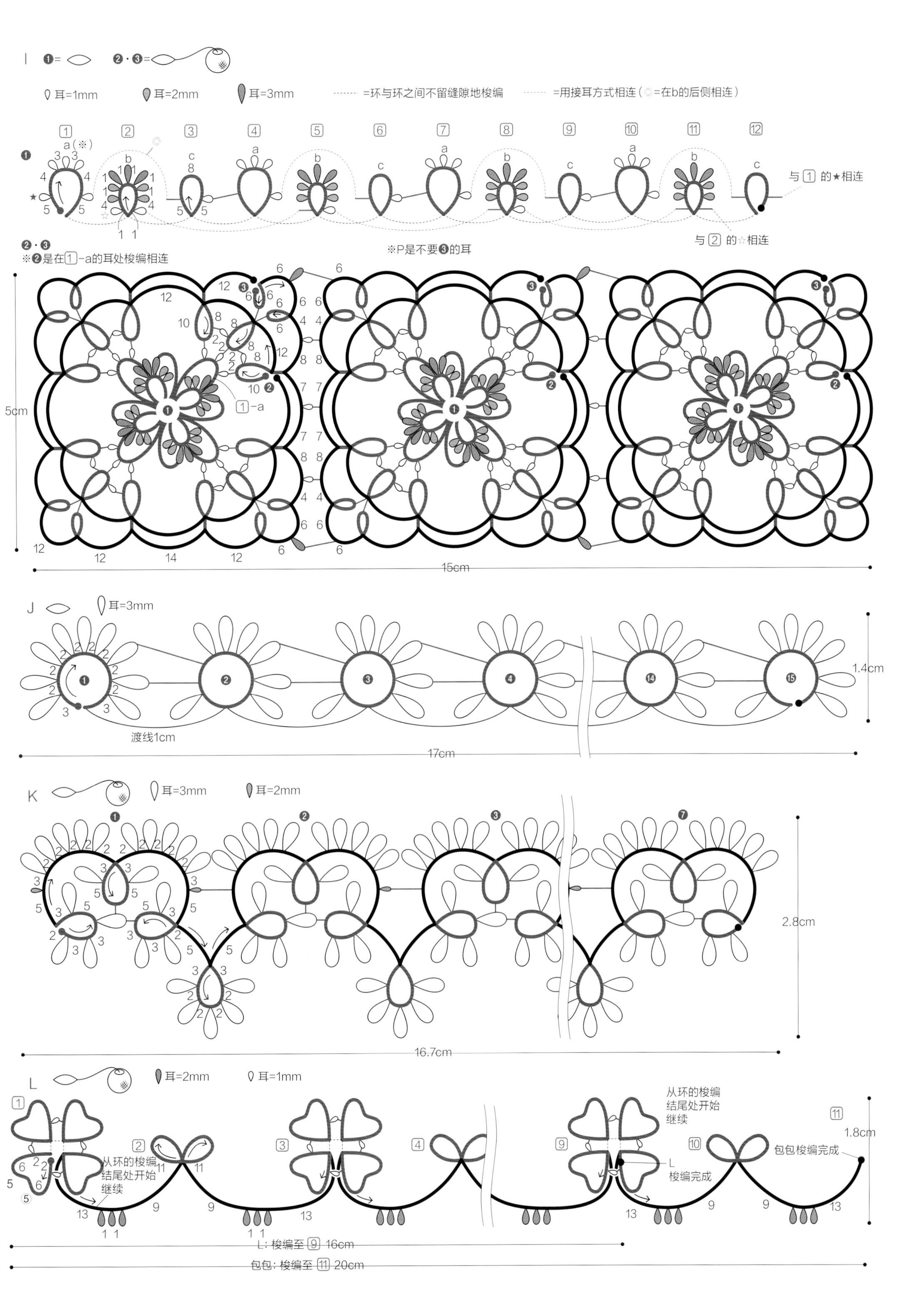

I ❶= ❷·❸=
耳=1mm 耳=2mm 耳=3mm
=环与环之间不留缝隙地梭编
=用接耳方式相连（◎=在b的后侧相连）
与1的★相连
与2的☆相连
❷·❸
※❷是在1-a的耳处梭编相连
※P是不要❸的耳
1-a
5cm
15cm
J 耳=3mm
渡线1cm
17cm
1.4cm
K 耳=3mm 耳=2mm
2.8cm
16.7cm
L 耳=2mm 耳=1mm
从环的梭编结尾处开始继续
L梭编完成
包包梭编完成
1.8cm
L：梭编至9 16cm
包包：梭编至11 20cm

M、N、O、S、T、手链 图片 >> p.58~60

＊准备的材料

线均为 DMC CEBELLA 30 号

M：黄色（743）…少许

手链：蓝色（797）…少许、弹簧扣套件 11mm…1 对、圆形开口圈 3.5mm…2 个

T：芥末色（3820）、浅灰驼色（3033）…各少许

N：水粉色（754）…少许

O：米色（3865）…少许

S：鲑鱼粉（352）、水粉色（754）…各少许

＊其他　耳尺、凤眼梭、蕾丝钩针、缝针

＊完成尺寸　参考图片

＊制作方法

M · 手链 · T：以梭编环开始，交替梭编桥和环。手链需在两端安装圆形开口圈和弹簧扣套件。T 是用双色梭编。

N：❶是梭编 1 个环，重复“翻面梭编桥、翻面梭编环”3 次后翻转织物。❷是重复❶。重复❶、❷（1 个花样）继续梭编。

O：以梭编环开始，在向桥梭编时，交叉梭芯线和线团的线，注意梭编时要与桥的梭结方向一致。

S：花片 a 是以梭编环开始，梭编桥和环，结束梭编时在打结线头后收尾共梭编 3 片。花片 b 是以接耳的方式与花片 a 相连，注意要在耳的位置上边连接边梭编。梭编环之间不留空隙。

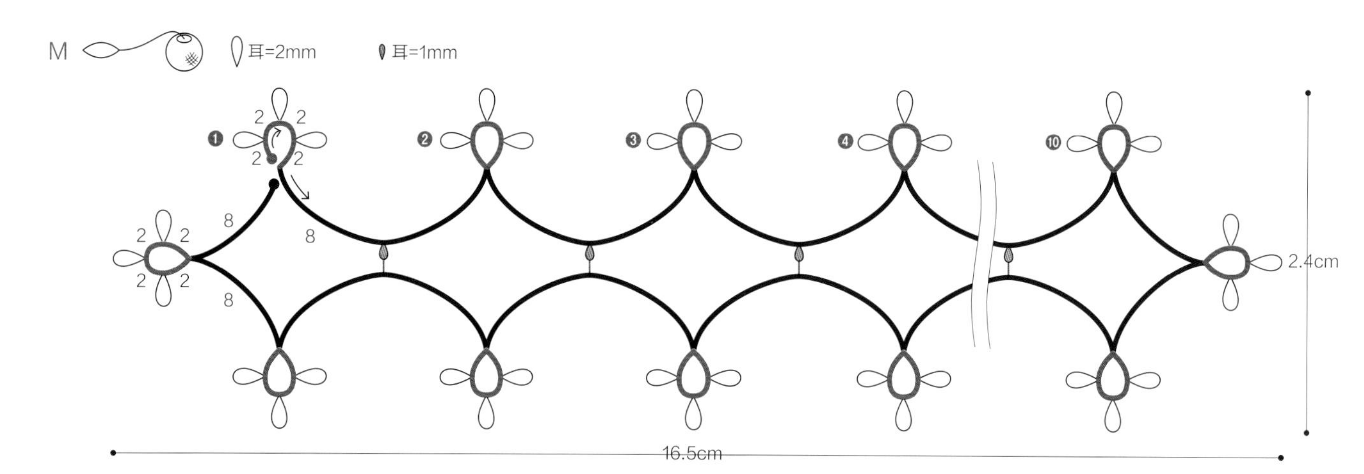

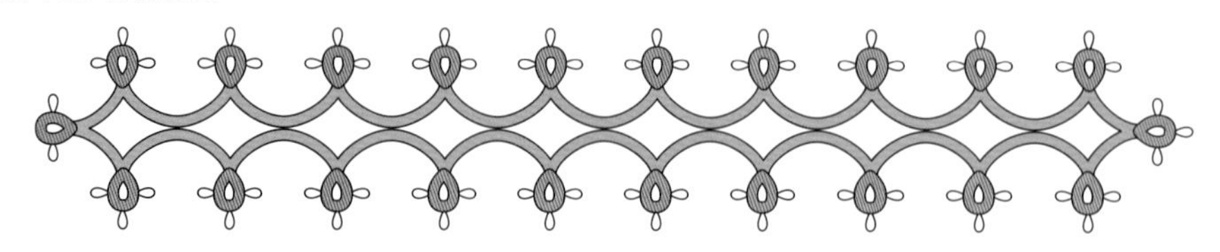

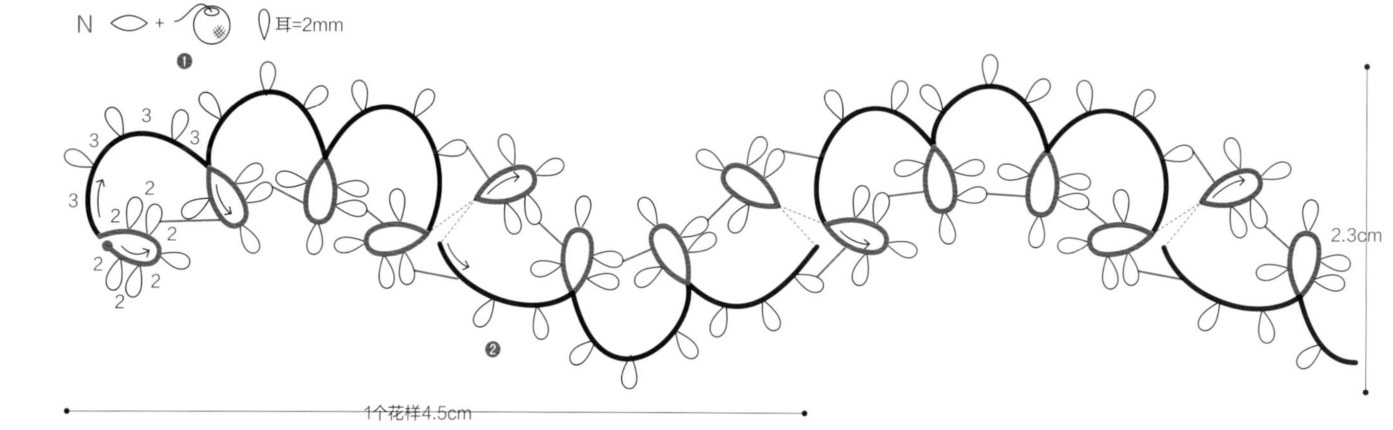

O

耳=3mm　耳=2mm　除特别指定的桥外，其余均为4个梭结

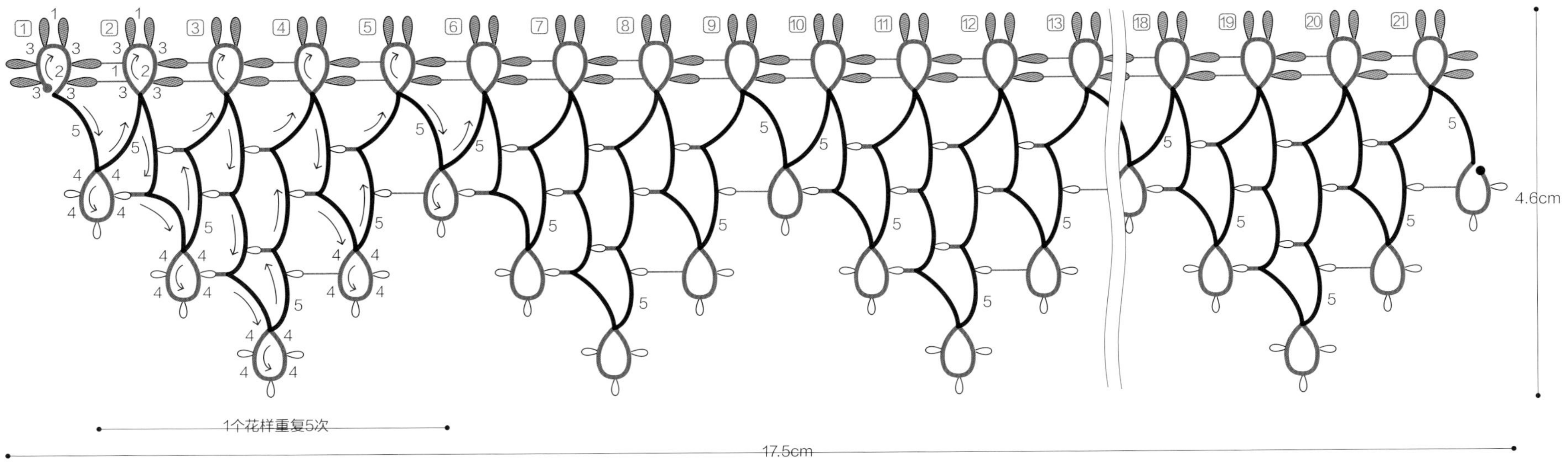

S 花片a　（鲑鱼粉）　花片b　（水粉色）　耳=3mm　耳=1mm

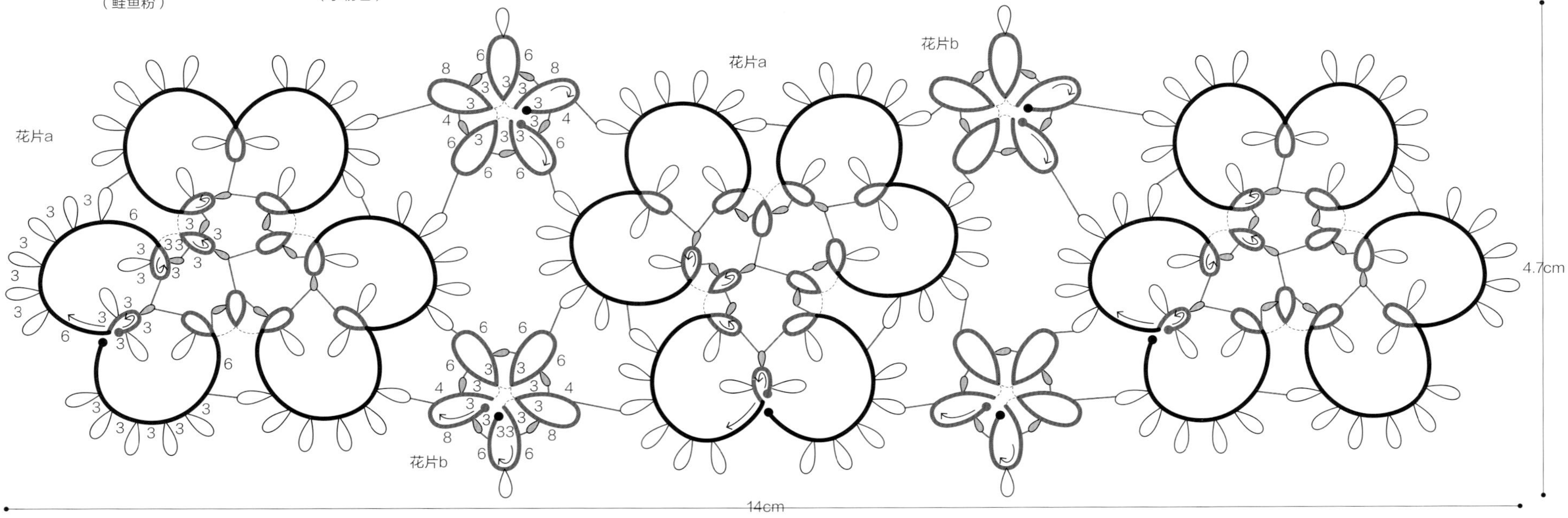

方形胸针 图片 >> p.69

＊准备的材料

大：珠子如下表所示

布 山东绸／蓝灰色…30cm×30cm、羊毛毡 厚1mm、厚纸板 厚1mm、皮革厚1mm／黑色…各5.5cm×4cm、旋转头胸针托（28mm 金色）…1个

小：珠子如下表所示

布 山东绸／蓝灰色…30cm×30cm、羊毛毡 厚1mm、厚纸板 厚1mm、皮革厚1mm／黑色…各3cm×3cm、旋转头胸针托（21mm 金色）…1个

珠子	颜色	大胸针	小胸针
a ／ MIYUKI 双孔扁珠	黑色（TL401）	10 颗	4 颗
b ／ MIYUKI 双孔扁珠	荧光色（TL2440D）	26 颗	12 颗
c ／ TOHO 小圆珠	银色（PF558）	约 100 颗	55~60 颗
d ／ TOHO 小圆珠	蓝色（№ 953）	34 颗	16 颗
e ／ MIYUKI DEMI 车轮珠	海军蓝（82）	40 颗	19 颗

＊其他 绣绷、串珠针、缝纫线／蓝灰色

＊完成尺寸 参考图片

＊制作方法

1 参考图示在布上进行珠绣。将毛毡、厚纸板剪成与图案相同的大小。

2 布料沿边缘留 1cm 涂胶水的地方裁剪，剪口从轮廓线开始剪至外侧 0.2mm 处。

3 在步骤2的反面按毛毡、厚纸板的顺序叠放。在厚纸板上涂抹胶水，将布折进去粘贴。

4 皮革沿图案轮廓线缩进 0.5mm 处裁剪。在装胸针的位置上剪切口，穿入胸针托，在步骤 3 的反面用胶水粘贴。

串珠方法 线：2股

将图案描在布料上绣珠子

注意一定要用绣绷

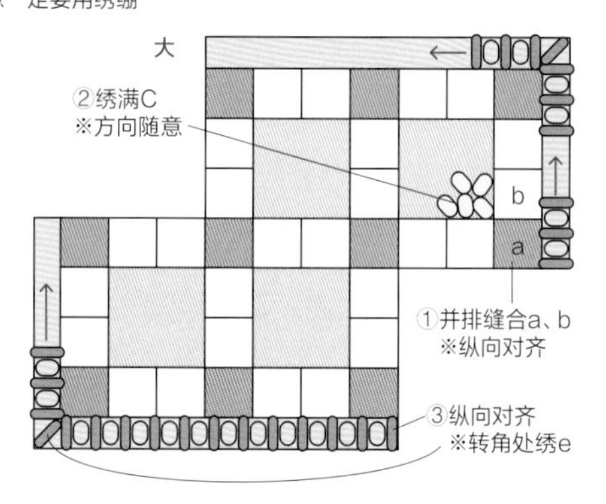

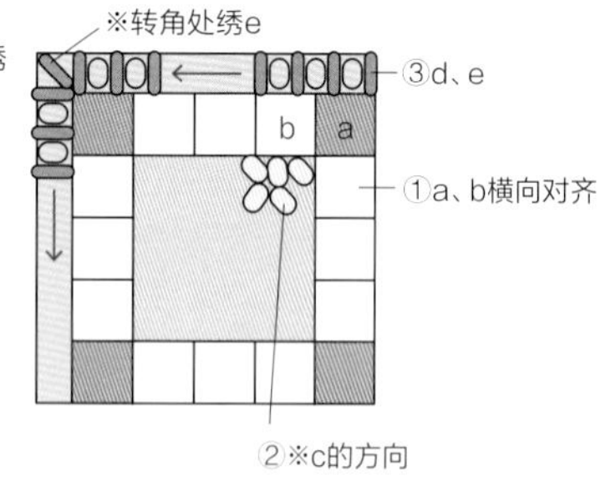

珠子的刺绣方法（刺绣1颗）

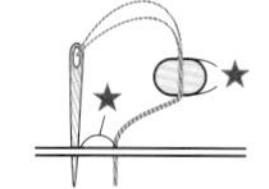

❶将针从布上穿出，穿入1颗珠子针刺入布中

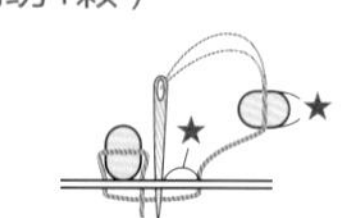

❷在第2颗珠子的位置上将针穿出，穿入1颗珠子针刺入布中

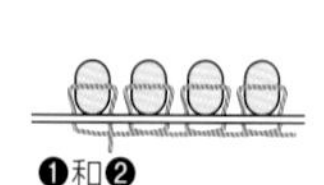

❶和❷

❸重复步骤❶和❷

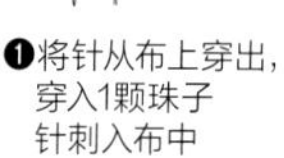

大 ※实物大小的图案

制作方法

❶将图案描在毛毡和厚纸板上，裁剪下来

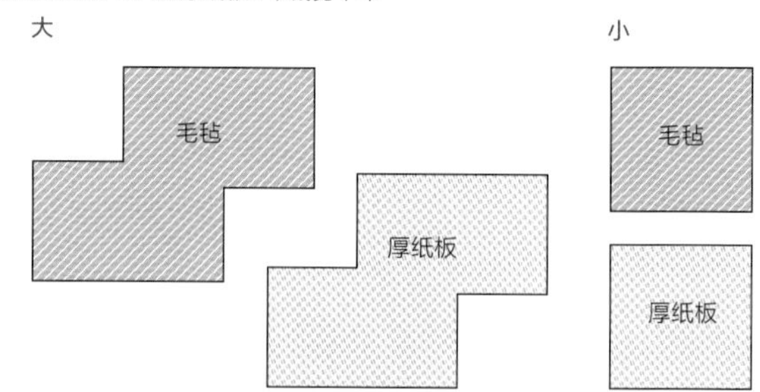

❷布料沿边缘留1cm涂胶水的空间裁剪，剪口从轮廓线开始剪至外侧0.2mm处。

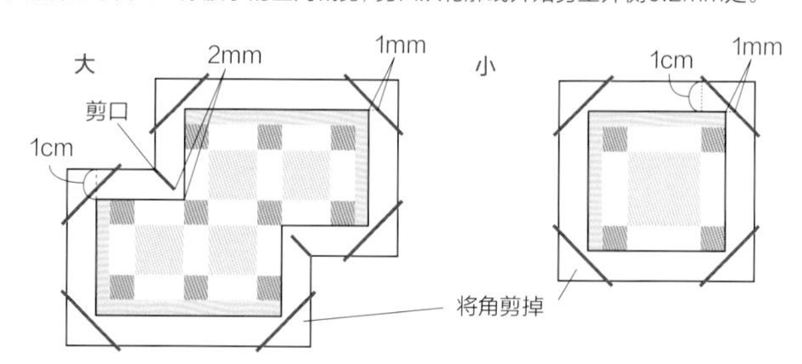

❸如图所示进行组装

大

小

厚纸板

②弯折涂胶处

①在边缘涂胶

厚纸板

布（反面）

毛毡

毛毡

❹皮革沿比图案轮廓线外围缩进0.5mm处裁剪。穿入胸针托，在步骤❸的反面用胶水粘贴。

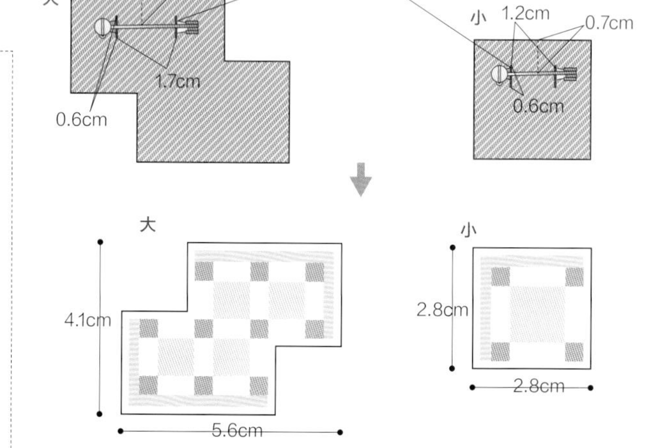

圆弧胸针 图片 >> p.69

* 准备的材料

大：珠子如下表所示

布 山东绸 / 蓝灰色…30cm×30cm、羊毛毡 厚1mm、厚纸板 厚1mm、皮革 厚1mm / 黑色…各5cm×5cm、旋转头胸针托（28mm 金色）…1个

小：珠子如下表所示

布 山东绸 / 蓝灰色…30cm×30cm、羊毛毡 厚1mm / 3.5cm×8cm、厚纸板 厚1mm / 3.5×6cm、皮革 厚1mm / 黑色…3.5cm×3.5cm、旋转头胸针托（21mm 金色）…1个

珠子	颜色	大胸针	小胸针	小胸针
a / MIYUKI 管珠	白色（H7165）	约 105 颗	约 75 颗	
	蓝色（H7170）			约 75 颗
b / TOHO 小圆珠	白色（51）	约 120 颗	115~120颗	
	蓝色（953）			115~120 颗
c / 贵和 树脂珠 2.5mm	奶油色	28 颗	9 颗	9 颗
d / MIYUKI DEMI 车轮珠	金色（HC162）	约 20cm	少许	少许

* 其他　绣绷、串珠针、缝纫线 / 米色
* 完成尺寸　参考图片

＊制作方法

刺绣方法、制作方法请参考方形胸针。

※ 小胸针如图所示叠放顶层和底座制作。

串珠方法　线：2股

将图案描在布料上绣珠子

注意一定要用绣绷

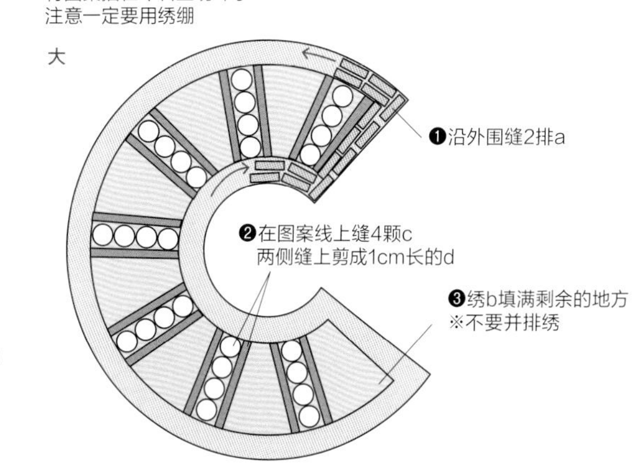

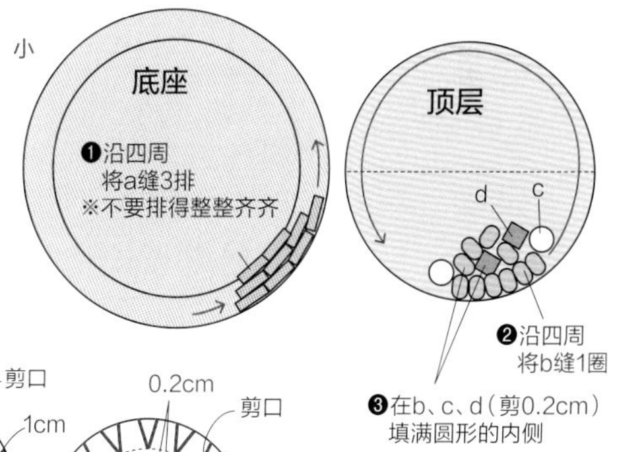

制作方法

❶大的是将图案描在毛毡和厚纸板上，裁剪下来。小的是将图案描在毛毡和厚纸板上，裁剪下来（用于底座），另外再剪下直径2.4cm的厚纸板、直径2.4cm和1.8cm的圆形（用于顶层）

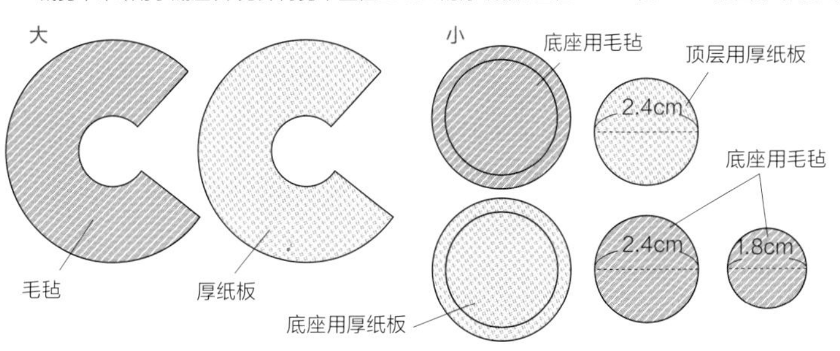

❷布料沿边缘留出1cm涂胶水的空间裁剪，剪口从轮廓线开始剪至外侧0.2mm处

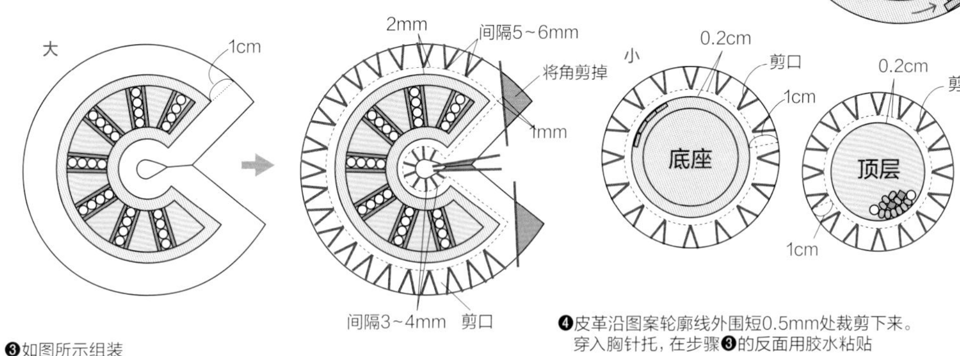

❸如图所示组装

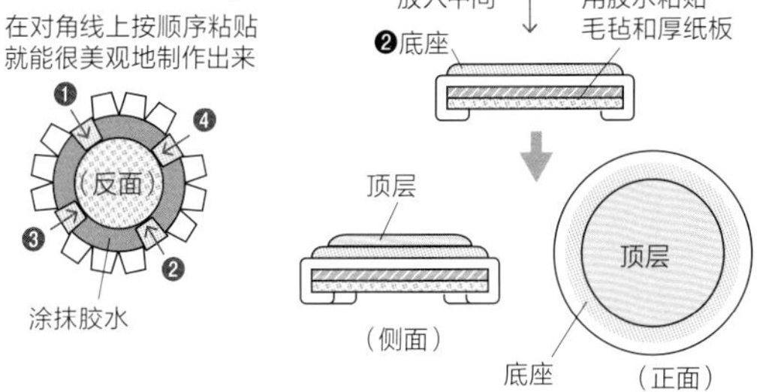

❹皮革沿图案轮廓线外围短0.5mm处裁剪下来。穿入胸针托，在步骤❸的反面用胶水粘贴

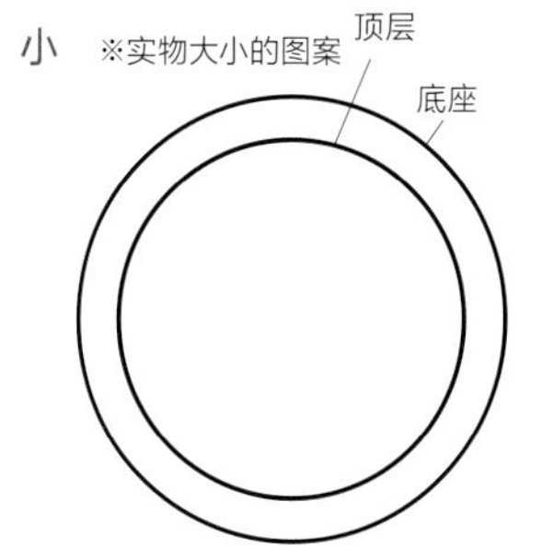

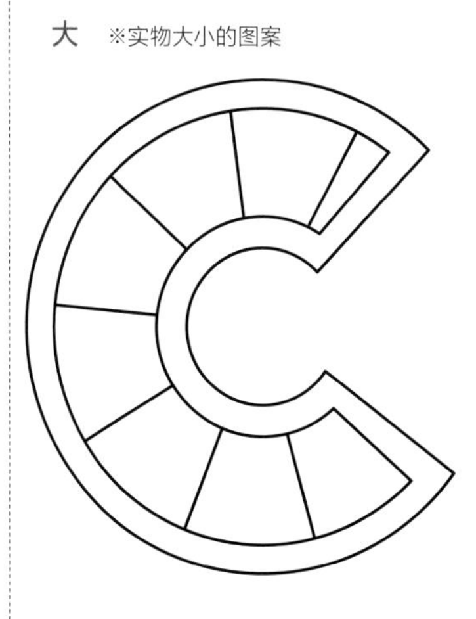

素材提供

〈线材〉

Atelier K'sk株式会社

OLYMPUS THERAD Mfg.Co.,LTD（奥林巴斯）

DMC株式会社

和麻纳卡株式会社（HAMANAKA）

MARCHEN ART株式会社

横田株式会社 DARUMA

〈口金〉

HOBBYRA HOBBYRE株式会社

〈工具〉

可乐株式会社（CLOVER）

摄影协助（按50音图排序）

AWABEES
UTUWA